周公酒誥訓

酒與周初政法德教祭祀的經學詮釋

余治平 著

上海古籍出版社

上海交通大學人文學院哲學系
2017年度學科建設經費資助出版

王曰嗚呼肆至乂民。正義曰與上相首引王命言曰嗚呼
以民安則不汝絕亡之故汝小子封當念天命之不於常也
惟行善則得之行惡則失之汝念此無常哉無絕棄我言而
不念若享有國土當明汝服行之教令使可法高大汝所聽
用先王道德之言以安治民也。傳享有至可則。正
義曰以不瑕殄即享有國土也服行之命謂德刑也 王
若曰往哉封勿替敬典汝往之國勿廢所宜敬之常法**聽朕告**
汝乃以殷民世享順從我所告之言即汝乃以殷民世世享國福流後世 疏
王若至世享。正義曰以須高聽治民故王命順其德而言
曰汝往之國哉封乎勿廢所宜敬之常法即聽用我誥是也
汝如此則汝乃得以殷民世世殷國而言不絕國祚短長
由德也又言王若曰者一篇終始言之明於中亦有若也

酒誥第十二

周書　孔氏傳　孔穎達疏

酒誥康叔監殷民殷民化紂嗜酒故以戒酒誥。嗜市志反 疏 傳康叔至酒誥。正義曰以梓材云

若茲監故云康叔監殷民也鄭以爲連屬之監則爲牧而言
然康叔時實爲牧而所戒爲居殷墟化紂餘民不主於牧下
篇云監監亦指爲君言之也明監即國君監一國故
此言監殷民不言監一州若大宰之建牧立監也 **王若**
曰明大命于妹邦周公以成王命誥康叔順其事而言之欲令明施大教命於妹國妹
地名紂所都朝歌以北是。王若馬本作成王若曰注云言
成王者未聞也俗儒以爲成王骨節始成故曰成王或曰以
成王爲少成二聖之功生號曰成王沒因爲謚衛賈以爲戒
成康叔以慎酒成就人之道也故曰成此三者吾無取焉吾
以爲後錄書者加之未敢專從故曰未聞也妹邦馬
云妹邦即牧養之地欲令力呈反下始令勿令同 **乃穆**
考文王肇國在西土父昭子穆文王弟稱穆將言始國在西土西土岐周之政。文
王弟稱穆周自后稷而封爲始祖后稷生不窋爲昭鞠陶爲
穆公劉爲昭慶節爲穆皇僕爲昭差弗爲穆毀揄爲昭公非
爲穆高圉爲昭亞圉爲穆諸盩爲昭大王爲穆王季爲昭文
王爲穆故左傳宮之奇云大伯虞仲大王之昭也虢仲虢叔
王季之穆也又富辰云管蔡已下十六國文之昭也昭
一音韶窋音竹律反揄音投盩音張流反大並音太 **厥**

重刊宋本《尚書注疏》（附校勘記）

清嘉慶二十年江西南昌府學開雕

目　錄

引言 / 1

卷一　《酒誥》經文句讀 / 14

卷二　祀兹酒，惟元祀
——酒與周初宗教生活 / 21

王若曰，成王若曰? / 21

祀兹酒 / 43

酒的起源：惟天降命，肇我民 / 49

酒的正當使用：惟元祀 / 61

卷三　無彝酒，以德自將
——酒的德性規定與禮法制約（一）/ 71

酒被濫用：喪德，喪邦 / 71

不許常喝：無彝酒 / 75

懂得克制：飲惟祀，以德自將，德將無醉 / 81

酒比油貴，不能浪費：惟土物愛 / 89

卷四 慎酒立教，作稽中德

——酒的德性規定與禮法制約（二） / 95

用心戒酒：越小大德，純一不二 / 95

孝養父母：自洗腆，致用酒 / 98

飲食醉飽，慎酒立教，作稽中德 / 107

酒之禮：克羞饋祀，自介用逸，祭已燕飲 / 120

卷五 酒與殷商政治禁忌 / 144

因戒酒而得天下：不腆于酒，受殷之命 / 144

殷王成德，皆不崇飲，罔湎酒，遵法度 / 150

紂王淫泆：荒腆於酒，人神共憤 / 158

王充爲紂王辯誣 / 171

人無於水監，當於民監 / 179

卷六 酒與殷遺治理的剛制刑殺 / 185

引導前殷舊臣服務周王：定辟，剛制於酒 / 185

强行禁酒，制止羣飲：拘留殺頭 / 196

對於殷臣，有教有殺，區別懲處 / 202

"司民之人"不可貪杯,"正身以帥民" / 207

附錄一　商周酒禁忌中的王權合法性問題
——《酒誥》篇的經學詮釋與政治哲學考察 / 212

附錄二　酒祇爲祭:上古中國酒的宗教性使用
——基於《酒誥》文本語境的經學解讀與意義詮釋 / 236

附錄三　參考文獻 / 258

附錄四　重要索引 / 262

引　言

傳世文獻《尚書·周書》之《酒誥》篇記錄了攝政王周公對康叔姬封、周族王室子孫以及前殷遺臣戒酒、禁酒、止酒的嚴正訓令。據《史記·衛康叔世家》："周公旦懼康叔齒少，乃申告康叔曰：'必求殷之賢人、君子、長者，問其先殷所以興，所以亡，而務愛民。'告以紂所以亡者以淫於酒，酒之失，婦人是用，故紂之亂自此始。"[1] 康叔名封，文王姬昌的幼子，武王同母之少弟，周公的胞弟，[2] 成王之叔父。先因受封於康，而稱康叔；[3] 後又受封於衛，又稱衛康叔。《周易·晉卦》之卦

---

① （漢）司馬遷撰，（南朝宋）裴駰集解，（唐）司馬貞索隱，（唐）張守節正義：《史記三家注》卷三七，揚州：廣陵書社，2014年，第627頁。

② 《春秋左傳·定公六年》："大姒之子，唯周公、康叔爲相睦也。"杜預："大姒，文王妃。"（戰國）左丘明撰，（西晉）杜預集解：《春秋經傳集解》，上海古籍出版社，1997年，第1645頁。

③ 根據杜勇的研究，康叔初封於康國，不過是食采邑而已，還沒有真正具備後來"受民受疆土"的封國性質。《白虎通義·姓名篇》曰："管、蔡、霍、成、康、南，皆采也。"《毛詩譜·周南召南譜》亦曰："岐邦（轉下頁）

辭曰："康侯用錫馬蕃庶，晝日三接。"康侯，顧頡剛、劉起釪說："當亦即此康叔。"[①]《康侯鼎》銘文曰："康侯豐作寶尊。"豐則指封。楊樹達《積微居讀書記·尚書說》："是康叔器，'豐'，經傳記康叔名'封'，'豐'即'封'也。"

周公旦，在文王所生的十個兒子中排行第四，[②] 是武王、管叔之弟。楊寬《西周史》一書說，武王諸弟中，當數周公最有才能。武王在位的時候，周公已經身居要職，權重天下。[③]《史記·周本紀》曰："武王即位，太公望爲師，周公旦爲輔。"輔有輔佐、協助之意。《魯世家》亦曰："及武王即位，旦常輔

(接上頁) 周、召之地爲周公旦、召公奭之埰地。"康叔封於衛，纔是真正的封藩建國。見杜勇：《〈尚書〉周初八誥研究》之《周初八誥的作者和年代》，北京：中國社會科學出版社，2017 年，第 51、52 頁。

① 顧頡剛、劉起釪：《尚書校釋譯論·康誥》（第 3 册），北京：中華書局，2005 年，第 1302 頁。然而，古今學者對《晉》卦辭"康侯"的解釋均非康叔。鄭玄：康，尊也。程頤、來知德：康侯，治安之侯也。朱熹：康侯，安國之侯。虞翻則從坤下離上的卦體結構予以分析，"坤爲'康'，康，安也"。初動爻變爲屯卦，下體震爲侯，故曰"康侯"。屯則"利建侯"。可參閱（清）李道平：《周易集解纂疏·晉》，北京：中華書局，1994 年，第 337 頁；胡朴安：《周易古史觀·晉》，上海古籍出版社，2005 年，第 118 頁。

② 根據《史記·周本紀》的記載，文王十子分别是：伯邑考、姬發、管叔鮮、周公旦、蔡叔度、曹叔振鐸、成叔武、霍叔處、康叔封、聃季載。其中，長子伯邑考已經先父而死，次子姬發繼承了王位。

③ 參閲〔美〕楊寬：《西周史》，上海人民出版社，1999 年，第 138、139 頁。

翼武王，用事居多。”輔翼，如輔弼，即爲輔佐、協助。《左傳·定公四年》載，衛大夫祝佗曰：“武王之母弟八人，周公爲大宰。”《逸周書·度邑解》稱，武王克殷後回到周都，卻以“未定天保”爲憂而“具明不寢”，夜不能寐，周公前往慰問。武王委托這位“大有知”的弟弟以“克致天之明命，定天保，依天室”之大任，並欲傳位於他，“我兄弟相後”，而“叔旦恐，泣涕共手”，[①] 推辭不就。其實，在周公發明“嫡長子繼承制”之前，有殷一朝所實行的一直是“兄終弟及”的傳位之法，即便在周初也還有效。權力誘惑面前，在先已有兄終弟及之制的情況下，周公的堅決謙讓顯然是一種非常有德性自覺的善舉。周公創立周人的王位繼承之禮法，是一項“皇室世襲制度的有意變革”，[②] 並非迫於來自外在篡權、謀位之類惡意的流言誹謗和政治壓力。致政成王是周公對自己所創立的“父死子繼”之制的率先踐履和切實維護。

《史記·封禪書》載曰：“武王克殷二年，天下未寧而崩。”

---

① 引文參見黄懷信、張懋鎔、田旭東：《逸周書彙校集注·度邑解》，上海古籍出版社，2007 年，第 465—479 頁。

② 〔美〕夏含夷（Edward L. Shaughnessy）著，黄聖松、楊濟襄、周博羣等譯：《周公居東與中國政治思想中君臣對立辯論的開端》，見《孔子之前：中國經典誕生的研究》（*Before Confucius: Studies in the Creation of the Chinese Classics*），臺北：萬卷樓圖書股份有限公司，2013 年，第 102 頁。

武王死後，“周公恐諸侯畔周”（《周本紀》），[①] 或曰，“惡天下之倍周”（《荀子·儒效》），[②] 便自己“踐阼代成王，攝行政當國”（《魯世家》），因此，周公踐阼即位，代理天子，號令天下，應該是事實。《禮記》之《文王世子》曰：“成王幼，不能蒞阼。周公相，踐阼而治。”《明堂位》曰：“武王崩，成王幼弱，周公踐天子之位以治天下。六年，朝諸侯於明堂，制禮作樂，頒度量，而天下大服。七年，致政於成王。”[③] 武王在世的時候，周公就已經身居大宰或相之位了，武王死後，年幼的成王即位，周公的職位没有變化，但已經實質性地代理了朝政。既然要代理朝政，“踐阼”則是必須的，否則又如何命令朝中羣臣與文武百官而進行具體的日常事務管理之操作呢？所以，周公之“踐阼”絶不等於篡位，更無取代、霸占之心。七年返政於成王，即可粉碎管叔、蔡叔之流言蜚語，而證明周公之忠誠不二。

清儒顧棟高《尚書質疑》一書指出，不能因爲周公踐阼，就以爲周公稱了天子，這顯然是嚴重的“解經之誤”。踐阼之

① 參閲（漢）司馬遷撰，〔日〕瀧川資言考證，杨海峥整理：《史記會注考證·周本紀》，第1册，上海古籍出版社，2015年，第182頁。

② 參見楊柳橋：《荀子詁譯·儒效》，濟南：齊魯書社，1985年，第149頁。

③ 見陳戍國點校：《禮記》，長沙：嶽麓書社，1989年，第362、406頁。

說，“初無經見，獨《明堂位》云爾”，而“《明堂位》係莽歆僞造”，[①] 其真實性本身就非常可疑。後世儒者常因爲王莽篡逆曾經蓄意利用過周公居攝之典故，而隻字不提、諱莫如深，或乾脆斷然否定真有周公稱天子之故事。[②] 實際上這應該是中古以後歷代被强權所馴化、所奴化了的儒生的一種竭力維護正統王權、對亂臣賊子高度戒備的心態在起作用。周公雖攝政卻不擅制，没有貪婪和留戀至高王權，一旦時機成熟，當即還政於賢侄，其心其志，坦坦蕩蕩，朗朗日月可鑒。[③] 成王對於周公，

---

① （清）顧棟高：《尚書質疑・周公未嘗居攝辨》，道光六年眉壽堂刻本影印，見《四庫全書存目叢書》（經部 60），濟南：齊魯書社，1997 年，第 146 頁下。

② 當然也有借周公攝天下而影射孔子之偉岸的。黄鎔曰：“周公爲天子之説，見於《書》者，《金縢》則曰‘以旦代身’，《召誥》則周公主祭。故荀子以周公爲大儒，謂岐由無天下而有天下，又由有天下而無天下也。”《論語》中孔子“夢見周公”，其精神可與周公相接，“實則舜與周公之攝，皆孔子垂空言以俟後耳”。是故“孔子作《書》，師表萬世，寄託古之帝王”。見舒大剛、楊世文主編：《廖平全集・書經周禮皇帝疆域圖表》，第 3 册，上海古籍出版社，2015 年，第 444 頁。

③ 按照《逸周書・度邑解》所記，武王病危時曾要周公“兄弟相後”，可周公涕泣沾裳，拱手辭讓。周公如果貪戀王權，根本就輪不到幼侄繼得大統。所以，周公不可能、也没必要在成王繼位之後再謀求自立。今文《尚書》之《金縢》記，“周公居東二年”。《毛詩正義・豳風・豳譜》鄭玄《傳》引馬融，以爲“居東”是周公爲了撇清管叔、蔡叔的流言而“避居東都”，“出處東國以待罪，以須君之察己”。孔穎達疏曰，周公是“喪中即攝”，居東二年，“既得管、蔡，乃作《鴟鴞》。三年而歸，大夫美之，而作《東山》”。《列子・楊朱》曰：“居東三年，誅兄放弟。”以及，新近發現的出土（轉下頁）

在流言散布出來之初，可能是有懷疑的，但等到管、蔡、霍三叔與武庚聯合起事之後，則恍然大悟。明人徐善述曰："方流言之起，成王未知罪人爲誰。周公居東二年之後，王方知流言乃管、蔡之罪也。"[①]周公想挽回成王對自己的信任其實未必非要等到擺平叛亂之後不可，毋寧他一出征，成王就心知肚明了。

周公在攝政稱王的第四個年頭，封康叔爲衛君，[②] 命其前往衛國，那裏是周王劃給前殷遺民的又一個指定聚集地。[③]《今

（接上頁）文獻清華簡《金縢》也刻有"周公石東三年"。無論是三年，還是二年，都只說明周公是在服喪、攝政期間率兵東征，而不可能是贖罪反省。可進一步閲讀清儒顧棟高《尚書質疑·周公居東論》，道光六年眉壽堂刻本影印，見《四庫全書存目叢書》（經部 60），濟南：齊魯書社，1997 年，第 141、142 頁；今人杜勇《〈尚書〉周初八誥研究》一書"關於周公居東的歷史真相"的專門論述。北京：中國社會科學出版社，2017 年，第 240—247 頁。

① （明）徐善述：《書經直指·金縢》，陝西圖書館藏明成化刻本影印本，見《四庫全書存目叢書》（經部 49），濟南：齊魯書社，1997 年，第 315 頁。

② 楊朝明稱："衛國很可能封於成王三年。"又"在同母兄弟中，周公十分信任康叔，故周公封康叔於戰略重地"。見《周公事迹研究》，鄭州：中州古籍出版社，2002 年，第 152 頁。

③ 殷人的第一個聚集地是宋國。周公平定武庚之亂後，命微子啓取代武庚，以奉殷祀。《史記·宋微子世家》載，"周公既承成王命誅武庚，殺管叔，放蔡叔，乃命微子開代殷後，奉其先祀，作《微子之命》以申之，國于宋。微子故能仁賢，乃代武庚，故殷之餘民甚戴愛之"。微子開，即微子啓，是紂王的庶兄，卻深惡痛絶於紂王之惡行，而隱遁荒野。武王伐紂克商時，"微子持其祭器造於軍門，肉袒面縛，左牽羊，右把茅，膝行而前以告"，表示歸服，"武王乃釋微子，復其位如故"。

本竹書紀年》曰：“遷殷民于衛”，[①]《魯周公世家》記：周公“收殷餘民，以封康叔于衛”。[②]《春秋左傳・定公四年》稱：“分康叔以殷民七族。”康叔封衛、收治殷遺的來龍去脈已基本清晰。《酒誥》中，周公苦口婆心地勸告不同的訓話對象戒酒、斷酒、止酒，曉以利害，喻之道理，其情其言頗讓人感喟不已。這其中並不是說康叔本人有多嗜酒，也不是說衛國民衆在酒面前天生有多嗜好和瘋狂，而是周公在剛剛平息了“三監之亂”後依然心有餘悸，不得不痛定思痛，深挖政權危機原因，以防再遇不測。武王建政，周以小邦勝殷之大族，所以從《周易》到《周書》、《詩經》，始終充滿危機意識和憂患心理。[③]

周公稱王，維持周室王權的威嚴和穩固，替年幼的成王姬

---

① 參見（清）王國維：《今本竹書紀年疏證》，濟南：齊魯書社，2010年，第83頁。

② 李全華標點：《史記・魯周公世家》，長沙：嶽麓書社，1988年，第260頁。

③ 在《大誥》篇中，周公對以成王的名義動員諸侯國君長以及周室御事大臣，“已！予惟小子，不敢替上帝命。天休于寧王，興我小邦周。寧王惟卜用，克綏受兹命。今天其相民，矧亦惟卜用？嗚呼！天明畏，弼我丕丕基！”百足之蟲死而不僵，徹底消滅强殷的任務還很艱巨，“小邦周”仍必須戒驕戒躁，始終保持高度的警惕與謹慎。參閱周秉鈞：《尚書易解・大誥》，上海：華東師範大學出版社，2010年，第152頁。

誦代理朝政。[①] 除了輔佐武王克殷建周，周公攝政期間的歷史功績，《尚書大傳》概括爲："一年救亂，二年克殷，三年踐奄，四年建侯衛，五年營成周，六年制禮樂，七年致政成王。"[②] 這裏的"建侯衛"就涉及如何管控、改造好前殷遺民，其内容顯然也應該包含《康誥》、《酒誥》中周公對康叔的政治交代。在《康誥》中，周公要求康叔恪守文王之遺訓，對待"殷彝"舊臣要"敬明乃罰"，"義刑義殺"，不得姑息，並且致力於"作新民"，"用康乂民"，盡量把他們改造成服膺周室、效忠周王的臣民乃至順民。攝政期間，周公兩次東征，平定其兄弟管叔、蔡叔、霍叔"三監"勾結商紂之子武庚祿父和徐、

---

① 然而，據清代學者崔述的考證，"周公不但無南面之事，並所稱成王幼兒攝政者，亦妄也"。又引蔡氏《書傳》曰："武王崩，成王立，未嘗一日不居君位，何復之有？王莽居攝，幾傾漢鼎，皆儒者有以啓之，是不可以不辨。"再引石樑王氏曰："周公爲冢宰時，成王年已經十四，非攝位，但攝政。豈可以天子爲周公？"於是，成王十四歲登基，這個年齡似乎已經並不需要周公主政了。"周公攝政說"似乎只是漢代陋儒、腐儒與無良知識分子爲王莽篡位尋找歷史憑據而生硬捏造出來的輿論工具而已，顯然是一次以今改史、以政害史的學術預謀。如果是這樣的話，《康誥》三篇涉及周公的所謂"王"，是否就都可以理解爲周公的分封諸侯王，而非攝政王、更非成王呢？引文參閱（清）崔述：《豐鎬考信錄・周公相成王上》（一），畿輔叢書本影印，北京：中華書局，1985 年，第 65 頁。

② （漢）伏勝：《尚書大傳》，涵芬樓藏左海文集本影印，上海：商務印書館，1929 年。

奄等東方夷族的聯合反叛；大行封建，先後建置七十一個封國，册封了武王的十五個兄弟、十六個功臣爲諸侯,[①] 以各封國爲屏藩，捍衛周室之安全；卜都定鼎，營建成周洛邑；制禮作樂，推行“井田制”，創立以“嫡長子繼承制”爲核心的宗法制度，成就明堂朝覲之規制。七年還政於成王，自甘爲臣，至死都忠於成王。《史記·周本紀》載：“周公行政七年，成王長，周公反政成王，北面就羣臣之位。”[②] 漢初賈誼評價周公曰：“文王有大德而功未就，武王有大功而治未成，周公集大德、大功、大治於一身。孔子之前，黄帝之後，於中國有大關係者，周公一人而已。”[③] 可見，在周室的建立和鞏固過程中，周公是發揮了至關重要的積極作用的，他對後世中國的歷史與文化產生了深遠的影響。

而《酒誥》篇的主題則是周公規勸和提醒康叔及時改變殷

① 據《荀子·儒效》載，周公“立七十一國，姬姓獨居五十三人”。《左傳·僖公二十四年》，富良說，“周公弟二叔之不咸，故封建親戚以藩屏周。管、蔡、成、霍、魯、衛、毛、聃、郜、雍、曹、滕、畢、原、酆、郇，文之昭也。邘、晉、應、韓，武之穆也。凡、蔣、邢、茅、胙、祭，周公之胤也”。可見，周公之封國，大大小小，數量衆多。

② （漢）司馬遷：《史記·周本紀》（一），點校本《二十四史》修訂本，北京：中華書局，2013年，第169頁。

③ （漢）賈誼：《新書·禮容》，見《百子全書》（第1册），長沙：嶽麓書社，1993年，第385頁。

人崇飲、聚飲、嗜酒之惡俗，促成衛國社會安定，甚至不惜以强制手段促使官吏與民衆斷酒、戒酒和止酒，以至於今人直接將其稱爲中國“最早的禁酒令檔案”。[①] 孔安國注曰：“康叔監殷民。殷民化紂嗜酒，故以戒酒誥。”[②] 周秉鈞說：“周公平定殷亂，封其弟康叔于衛。衛居河、淇之間，乃殷之故居。殷人嗜酒，周公懼民之化於惡俗，大亂喪德，招致滅亡。故命康叔宣布戒酒之令，又告康叔以戒酒之重要性和戒酒之法。”[③] 實際上，周公所要告誡、奉勸的對象不衹是康叔一人，還应该包括周室諸侯、卿大夫、分布于各封國之内的權貴子孫以及周王已經任命過的大小官吏。陳夢家稱，西周誥命十二篇，其“王若曰”或“王曰”，可分“命一人”和“命多人”兩類，並且明確把《酒誥》歸入“命一人”一類，[④] 但結合《酒誥》全部内容則似有不確。周公有的話也是對王室子孫、受封過的卿士大夫、前殷遺臣、衛國官吏和民衆說的。

---

① 齊運東:《〈酒誥〉——我國最早的禁酒令檔案》，見《釀酒》2011 年第 3 期。

② （漢）孔安國傳，（唐）孔穎達正義:《尚書正義·酒誥》，阮刻本《十三經注疏》影印，上海古籍出版社，1997 年，第 205 頁下。

③ 周秉鈞:《尚書易解·酒誥》，上海：華東師範大學出版社，2010 年，第 170 頁。

④ 陳夢家:《尚書通論》，石家莊：河北教育出版社，2000 年，第 184 頁。

至於《酒誥》的撰作時間與文本自身的可信程度，顧頡剛曾經在與胡適之的通信中，將今文《尚書》二十八篇劃分成三組，其中的第一組，就包括《盤庚》、《大誥》、《康誥》、《酒誥》、《梓材》、《召誥》、《洛誥》、《多士》、《多方》、《吕刑》、《文侯之命》、《費誓》、《秦誓》，並指出，“這一組，在思想上，在文字上，都可信爲真”，而不像包括《甘誓》、《湯誓》、《高宗肜日》、《西伯戡黎》、《微子》、《牧誓》、《金縢》、《無逸》、《君奭》、《立政》、《顧命》在内的第二組，因爲“這一組，有的是文體平順，不似古文，有的是人治觀念很重，不似那時的思想。這或者是後世的僞作，或者是史官的追憶，或者是真古文經過翻譯，均説不定。不過決是東周間的作品”。[①] 能夠經得起“疑古學派”的考辨，足以説明其内容的可靠性。所以，《酒誥》之作，並非爲後出之古文《尚書》，除個别文字的刻録、校勘尚有爭議外，對其作爲周初的檔案記録和政治文獻，歷代學者均不疑其真，認可度較高。

先秦文獻中，《康誥》、《酒誥》、《梓材》，常合稱“《康誥》三篇”。孔穎達《正義》曰：“既伐叛人三監之管叔、蔡叔等，

① 顧頡剛：《論〈今文尚書〉著作時代書》，見顧頡剛編著：《古史辨》（第1册），上海古籍出版社，1982年，第201頁。

以殷餘民國康叔爲衛侯，周公以王命戒之，作《康誥》、《酒誥》、《梓材》三篇之書也。其《酒誥》、《梓材》亦戒康叔，但因事而分之。然《康誥》戒以德刑，又以化紂嗜酒，故次以《酒誥》，卒若梓人之治材爲器爲善政以結之。”① 《康誥》、《酒誥》、《梓材》三篇合稱，只因爲皆爲周公之誥命。至於分篇，則“因事而分之”，剖開來的目的是爲了說得更具體、更清楚。《康誥》講受封，《酒誥》談戒酒，《梓材》則教用人，各有側重。宋人王柏則以爲《酒誥》、《梓材》兩篇既可兼合，又可分離。“以兩篇言，可合而爲一；以逐篇言，又各可離而爲二。此是爲不可曉。可合者，《梓材》之首意與《酒誥》同；可離者，《酒誥》有二體，既誥妹邦，又誥康叔，《梓材》末篇全不相屬也，首語既曰‘明大命于妹邦’，後又曰‘妹土’。此分明告戒紂之遺民舊俗也。即又繼之王曰封者五，此分明告戒康叔也”。而“先儒以爲，其事則主于妹邦，其書則付之康叔，以爲《書》之變體，愚實未之通也，所可知者，止於戒酒而已”。② 從勸誡對象、對談人物上看，三篇皆可兼併合稱。而從

---

① （漢）孔安國，（唐）孔穎達：《尚書正義·周書·康誥》，阮元校刻《十三經注疏》（清嘉慶刊本）（一），北京：中華書局，2009年，第430頁上。

② （宋）王柏：《書疑·酒誥梓材》，見《四庫全書存目叢書》（經部49），首都圖書館藏康熙十九年通志堂刻經解本，濟南：齊魯書社，1997年，第186頁下。

誥命地點、具體事情與内容上看，三篇則分開敘事，便於人們準確理解周公之意圖。

根據顧頡剛、劉起釪的研究，《酒誥》在漢初伏生今文《尚書》中，爲《周書》之第六篇，全書之第十五篇；而在西漢歐陽、大小夏侯三家今文《尚書》中，則爲《周書》之第七篇，全書之第十六篇；在東漢古文《尚書》中，則爲《周書》之第九篇，全書之第二十篇；在東晉僞古文《尚書》中，則爲《周書》之第十二篇，全書之第三十八篇。①

新近出土的先秦、兩漢文獻中，《酒誥》被轉引的概率算是比較低的。馬王堆漢墓帛書，定縣竹簡，郭店楚簡《緇衣》，上海博物館戰國楚竹書《緇衣》、《性自命出》，清華大學竹簡，或有轉引《康誥》者，但卻始終未見轉引《酒誥》者。周秦時代，在稱引《尚書》"始終是中上層社會的普遍風尚"的情況下，《酒誥》難得在出土文獻中被徵，並不足以説明其地位、價值的不重要。②

---

① 顧頡剛、劉起釪：《尚書校釋譯論・酒誥》（第 3 册），北京：中華書局，2005 年，第 1380 頁。

② 參閱馬士遠：《周秦〈尚書〉學研究》，北京：中華書局，2008 年，第 303、304 頁。

卷一 《酒誥》經文句讀

根據中華書局2009年阮元校刻《十三經注疏》(嘉慶刊本)影印本、上海古籍出版社1997年阮刻本《十三經注疏》縮印本、2013年臺灣藝文印書館重刊宋本《十三經注疏》影印本，結合今人點校之1999年北大版《尚書正義》,《四庫全書存目叢書》、冉觀祖《尚書詳説》，孫星衍《尚書今古文注疏》，皮錫瑞《今古文尚書考證》，現當代學者曾運乾《尚書正讀》，于省吾《雙劍誃尚書新證》，顧頡剛、劉起釪《尚書校釋譯論》等版本之句讀、標點與校勘，兹録《酒誥》篇經文如下:

王若曰:"明大命于妹邦，乃穆考文王，肇國在西土。厥誥毖庶邦庶士，越少正、御事,[1] 朝夕曰:'祀兹酒。'

① (明)冉觀祖《尚書詳説·酒誥》作"越少正御事"，見《四庫全書存目叢書》(經部58)，濟南:齊魯書社，1997年，第456頁下。

惟天降命，肇我民，惟元祀。[①] 天降威，我民用大亂喪德，亦罔非酒惟行；越小大邦用喪，亦罔非酒惟辜。”

“文王誥教小子、有正、有事：[②]無彝酒。越庶國，飲惟祀，德將無醉。”[③]

“惟曰：我民迪小子，[④] 惟土物愛，厥心臧。聰聽祖考之彝訓，越小大德，小子惟一。”[⑤]

---

① （清）孫星衍撰，陳抗、盛冬鈴點校：《尚書今古文注疏・酒誥》，將此句斷爲：惟天降命肇，我民惟元祀。北京：中華書局，1986 年，第 375 頁。

② （明）冉覲祖《尚書詳說・酒誥》作“有正有事”，見《四庫全書存目叢書》(經部 58)，濟南：齊魯書社，1997 年，第 460 頁上。

③ 經由諸祖耿整理的《太炎先生尚書說・酒誥》則斷句並標點爲：“文王誥教小子，有正有事，無彝酒，越庶國飲，惟祀，德將無醉。”北京：中華書局，2013 年，第 132 頁。唯冉覲祖《尚書詳說・酒誥》作“德將、無醉”，第 460 頁上。

④ 顧頡剛、劉起釪《尚書校釋譯論・酒誥》（第 3 册）則斷句並標點爲：“文王誥教小子：‘有正、有事，無彝酒；越庶國，飲惟祀，德將無醉；惟曰我民迪。’小子!”北京：中華書局，2005 年，第 1388 頁。

⑤ （清）孫星衍《尚書今古文注疏・酒誥》斷句並標點爲：“惟曰我民迪。小子惟土物愛，厥心臧。”（清）皮錫瑞撰，盛冬鈴、陳抗點校：《今古文尚書考證・酒誥》，斷句並標點爲：“我民迪，小子惟土物愛，厥心臧，聰聽祖考之彝訓，越小大德，小子惟一。”北京：中華書局，1989 年，第 323 頁。然而，《尚書校釋譯論・酒誥》（第 3 册）則斷句並標點爲：“越小大德。小子！惟一妹土。”見第 1388 頁。

“妹土，嗣爾股肱，純其藝黍、稷，奔走事厥考厥長。[①] 肇牽車牛，遠服賈，用孝養厥父母。[②] 厥父母慶，自洗腆，致用酒。”[③]

“庶士、有正，越庶伯、君子，其爾典聽朕教，爾大克羞耇惟君，[④] 爾乃飲食醉飽。[⑤] 丕惟曰：爾克永觀省，作稽中德。[⑥] 爾尚克羞饋祀，爾乃自介用逸。茲乃允惟王正、事之臣，[⑦] 茲亦惟天若元德，永不忘在王家。”

---

① （清）皮錫瑞：《今古文尚書考證·酒誥》斷句並標點爲：“妹土嗣爾股肱，純其藝黍稷，奔走事厥考厥長。”見第323頁。而（漢）孔安國，（唐）孔穎達：《尚書正義·酒誥》（廖明春、陳明整理，吕紹綱審定）則斷句爲：“妹土嗣爾股肱純，其藝黍稷，奔走事厥考厥長。”《十三經注疏》（標點本），北京大學出版社，1999年，見第376頁。

② （清）皮錫瑞《今古文尚書考證·酒誥》斷句並標點爲：“肇牽車牛，遠服賈用，孝養厥父母。”第323頁。

③ （明）冉覲祖《尚書詳說·酒誥》作“自洗腆致用酒”，見《四庫全書存目叢書》（經部58），第463頁上。

④ （明）冉覲祖《尚書詳說·酒誥》作“庶士有正，越庶伯、君子，其爾典聽朕教，爾、大克羞耇、惟君”，見《四庫全書存目叢書》（經部58），第465頁上。

⑤ （清）孫星衍《尚書今古文注疏·酒誥》斷句爲：“爾大克羞耇，惟君，爾乃飲食醉飽。”見第377頁。

⑥ （明）冉覲祖：《尚書詳說·酒誥》，作“爾克永觀省，作、稽中德”，見《四庫全書存目叢書》（經部58），第465頁上。

⑦ （明）冉覲祖《尚書詳說·酒誥》，作“茲乃允惟王正事之臣”，見《四庫全書存目叢書》（經部58），第465頁上。

王曰："封，我西土棐徂邦君、御事、小子，[①] 尚克用文王教，不腆于酒。[②] 故我至于今，克受殷之命。"[③]

王曰："封，我聞惟曰：在昔殷先哲王，迪畏天，顯小民，[④] 經德秉哲。[⑤] 自成湯咸至于帝乙，[⑥] 成王畏相。惟御事，厥棐有恭，[⑦] 不敢自暇自逸，矧曰其敢崇飲？越在外服，侯、甸、男、衛、邦伯；越在内服，百僚、庶尹、惟亞、惟服、宗工，[⑧] 越百姓里（居）

---

① 顧頡剛、劉起釪《尚書校釋譯論·酒誥》（第3册）則斷句並標點爲："我西土棐徂，邦君、御事、小子。"第1401頁。（明）冉覲祖：《尚書詳説·酒誥》，作："我西土棐徂邦君，御事小子"，見《四庫全書存目叢書》（經部58），第467頁下。

② （清）孫星衍《尚書今古文注疏·酒誥》斷句爲："我西土棐，徂邦君御事，小子尚克用文王教，不腆于酒。"見第378頁。

③ （清）皮錫瑞《今古文尚書考證·酒誥》斷句並標點爲："我西土棐，徂邦君御事，小子尚克用文王教，不腆於酒，故我至於今，克受殷之命。"見第324頁。

④ （明）冉覲祖《尚書詳説·酒誥》作"迪畏天顯小民"，見《四庫全書存目叢書》（經部58），第469頁下。

⑤ 顧頡剛、劉起釪《尚書校釋譯論·酒誥》（第3册）則斷句並標點爲："在昔殷先哲王，迪畏天顯小民，經德秉哲。"第1403頁。

⑥ （明）冉覲祖《尚書詳説·酒誥》作"自成湯、咸至於帝乙"，見《四庫全書存目叢書》（經部58），濟南：齊魯書社，1997年，第469頁下。

⑦ 曾運乾《尚書正讀·酒誥》（黄曙輝點校）則斷句爲："成王畏，相惟御事，厥棐有恭。"上海：華東師範大學出版社，2011年，第187頁。

⑧ （明）冉覲祖《尚書詳説·酒誥》作"惟服宗工"，見《四庫全書存目叢書》（經部58），第472頁上。

〔君〕:[1]罔敢湎于酒。不惟不敢，亦不暇。惟助成王德顯,[2] 越尹人祇辟。”[3]

“我聞亦惟曰：在今後嗣王酣身厥命,[4] 罔顯於民祇,[5] 保越怨不易。[6] 誕惟厥縱淫泆於非彝，用燕喪威儀，民罔不衋傷心。惟荒腆於酒，不惟自息乃逸。厥心疾很，不克畏死。[7]

---

① 據（清）王國維《尚書講授記》稱“百姓里居”乃“百姓里君”之誤。參閱顧頡剛、劉起釪:《尚書校釋譯論·酒誥》(第3册)，第1407頁。

② （明）冉覲祖《尚書詳説·酒誥》作“惟助，成王德顯”，見《四庫全書存目叢書》(經部58)，第472頁上。

③ 顧頡剛、劉起釪《尚書校釋譯論·酒誥》（第3册）斷句並標點爲：“越尹人、祇辟。”第1403頁。

④ （明）冉覲祖《尚書詳説·酒誥》作“在今後嗣王，酣身”，見《四庫全書存目叢書》(經部58)，第475頁上。

⑤ 于省吾稱：“祇，本作‘甾’，……‘甾’、‘災’同聲通用。此應讀作‘哉’。”見《雙劍誃尚書新證·酒誥》，北京：中華書局，2009年，第145頁。

⑥ （清）孫星衍《尚書今古文注疏·酒誥》、（清）皮錫瑞《今古文尚書考證·酒誥》，皆斷句並標點爲：在今後嗣王酣身，厥命罔顯於民祇，保越怨，不易。北京大學出版社1999年版《十三經注疏》(標點本)《尚書正義·酒誥》則斷句爲：“在今後嗣王酣身，厥命罔顯於民，祇保越怨不易。”見第379頁。曾運乾《尚書正讀·酒誥》則斷句並標點爲：“在今後嗣王酣身，厥命罔顯，於民祇保越怨，不易。”見第188頁。（明）冉覲祖《尚書詳説·酒誥》作“厥命罔顯於民，祇保越怨，不易”，見《四庫全書存目叢書》（經部58)，第475頁上。

⑦ （明）冉覲祖《尚書詳説·酒誥》作“用燕，喪威儀，民，罔不衋傷心。惟荒，腆於酒，不惟自息乃逸。厥心疾很，不克畏死”，見《四庫全書存目叢書》(經部58)，第475頁上。

辜在商邑，越殷國滅無罹。[①] 弗惟德馨、香祀登聞於天，誕惟民怨，[②] 庶羣自酒，腥聞在上。故天降喪于殷，罔愛于殷，惟逸。天非虐，惟民自速辜。"[③]

王曰："封，予不惟若兹多誥。古人有言曰：'人無于水監，當於民監。'今惟殷墜厥命，我其可不大監撫于時!"[④]

"予惟曰：汝劼毖殷獻臣、侯、甸、男、衛，矧太史友、内史友，越獻臣百宗工，矧惟爾事，服休、服采，[⑤] 矧惟若

① （清）孫星衍《尚書今古文注疏·酒誥》、（清）皮錫瑞《今古文尚書考證·酒誥》，皆斷句並標點爲："不惟自息乃逸，厥心疾很，不克畏死辜，在商邑。越殷國滅，無罹。"

② （清）孫星衍《尚書今古文注疏·酒誥》、（清）皮錫瑞《今古文尚書考證·酒誥》，北京大學出版社 1999 年版《十三經注疏》（標點本）《尚書正義·酒誥》皆斷句爲："弗惟德馨香，祀登聞於天，誕惟民怨。"第 380 頁。曾運乾《尚書正讀·酒誥》則斷句並標點爲："弗惟德馨香祀，登聞於天。誕惟民怨。"第 188 頁。

③ （明）冉覲祖《尚書詳說·酒誥》作："弗惟德馨香祀，登聞於天，誕惟民怨，庶羣自酒，腥聞在上。故天，降喪于殷，罔愛于殷，惟逸。天非虐，惟民自速辜。"見《四庫全書存目叢書》（經部 58），第 475 頁上。

④ （明）冉覲祖《尚書詳說·酒誥》作："人，無于水監，當於民監。'今惟殷墜厥命，我其可不大監，撫於時"，見《四庫全書存目叢書》（經部 58），第 477 頁下。曾運乾《尚書正讀·酒誥》則斷句並標點爲："我其可不大監，撫於時。"見第 189 頁。

⑤ （明）冉覲祖《尚書詳說·酒誥》，作："服休服采"，見《四庫全書存目叢書》（經部 58），第 479 頁上。

疇：圻父薄違，農夫若保，宏父定辟。① 矧汝剛制於酒。”②

“厥或誥曰：‘羣飲’，汝勿佚，盡執拘以歸於周，予其殺。又惟殷之迪諸臣，惟工，③ 乃湎於酒，勿庸殺之，姑惟教之。有斯明享，④ 乃不用我教辭，惟我一人弗恤、弗蠲乃事，⑤ 時同於殺。”⑥

王曰：“封，汝典聽朕毖，勿辯乃司民湎於酒。”⑦

---

① 此斷句、標點采于省吾《雙劍誃尚書新證》，第147頁；顧頡剛、劉起釪《尚書校釋譯論・酒誥》（第3册）之說，見第1410頁。

② （清）皮錫瑞《今古文尚書考證・酒誥》斷句並標點爲：“汝劼毖殷獻臣，侯、甸、男、衛，矧太史友、内史友，越獻臣、百宗工、矧惟爾事服休、服采，矧惟若疇圻父，薄違農夫，若保宏父，定辟，矧汝剛制於酒。”見第326—327頁。與（清）孫星衍《尚書今古文注疏・酒誥》則大致相同。北京大學出版社1999年版《十三經注疏》（標點本）《尚書正義・酒誥》則斷句並標點爲：“汝劼毖殷獻臣，侯、甸、男、衛，矧太史友，内史友？越獻臣百宗工，矧惟爾事服休服采？矧惟若疇圻父，薄違農夫，若保宏父，定辟，矧汝剛制於酒?”，見381頁。

③ （明）冉覲祖《尚書詳說・酒誥》作“又惟殷之迪諸臣惟工”，見《四庫全書存目叢書》（經部58），第484頁上。

④ 北京大學出版社1999年版《十三經注疏》（標點本）《尚書正義・酒誥》：“姑惟教之，有斯明享”在一句之中，而非分在兩句。

⑤ 于省吾則句讀爲：有斯明享，乃不用我教，辭惟我一人弗恤弗蠲乃事。見《雙劍誃尚書新證・酒誥》，第150頁。

⑥ 諸祖耿整理《太炎先生尚書說・酒誥》斷句爲：“惟我一人弗恤弗蠲，乃事時同於殺。”第136頁。

⑦ （明）冉覲祖《尚書詳說・酒誥》作“勿辯乃司，民湎於酒”，見《四庫全書存目叢書》（經部58），第485頁下。

卷二　祀兹酒，惟元祀
——酒與周初宗教生活

王若曰，成王若曰？

王若曰，① 漢代今文經本和古文經本都作“成王若曰”。孔

---

① 按照傳世文本的各篇排序，《周書》中最早出現“王若曰”的是《大誥》。漢代鄭玄最早確認這裏的“王”就是周公。“王，周公也。周公居攝，命大事，則權稱王”。周公似乎既攝政，又稱王了。每遇大事，皆以周王的名義發布號令。但隨後，孔安國在解經時則予以糾正曰：“周公稱成王命，順大道以誥天下衆國，及於御治事者盡及之。”周公顯然不是以周王的名義，而是以成王的名義誥召天下。唐人孔穎達的《正義》亦曰：“周公雖攝王政，其號令大事則假成王爲辭。”周公對衆多諸侯國王的誥辭顯然是假借了成王名義的。參閱影印嘉慶二十年重刊宋本《尚書注疏》，《十三經注疏》(1)，臺北：藝文印書館，2013 年，第 190 頁。近人陳夢家於 1943 年在昆明寫過一篇《王若曰考》，由成、康及其後的各種史官而追溯到大克鼎、大盂鼎、毛公鼎、曶鼎等西周禮器金文中的各種册命、策命，專門有一節談“《周書》中的王若曰”。西周初的誥命十二篇中，有七篇與周公有關，指《召誥》、《洛誥》、《多士》、《無逸》、《君奭》、《多方》、《立政》，直接稱“周公曰”或“王若曰”。七篇又可分爲“周公本人的誥命”、“周公代宣王命”、“史官代宣周公之命”三種。然而，這七篇卻不包括《酒誥》。陳夢家指出，周誥中的“王若曰”，“乃是史官或周公代宣王命，與西周金文相同”，但所不同者則在於（轉下頁）

穎達疏曰："馬、鄭、王本以文涉三家而有'成'字。"鄭玄曰："成王，所言成道之王。"馬融注曰："言成王者，未聞也。俗儒以爲成王骨節始成，故曰成王。或曰以成王爲少成二聖之功，生號曰成王，没因爲謚。衛、賈以爲，戒成康叔以慎酒，成就人之道也，故曰成。此三者，吾無取焉。吾以爲，後錄《書》者加之，未敢專從，故曰未聞也。"[①]顯然，無論是"骨節始成"、"少成二聖之功"，還是"戒成康叔以慎酒，成就人之道"，都不免於牽强附會，皆屬後世經生望文生義之説，因而難以成立。章太炎也曾指出過："蓋《康誥》、《酒誥》、《梓

（接上頁）"西周（尤其是成、康以後的）金文多爲史官（乍册、内史、尹氏）代宣，而周誥有爲周公代宣者。"《康誥》、《立政》、《多士》、《多方》均兩次出現"王若曰"或"周公若曰"，而西周金文的册命，只有開頭一個"王若曰"，以下每節則均以"王曰"說話，絶不重現"王若曰"。《康誥》，作爲"一獨立完整的命書"，其第一節、第十三節均有"王若曰"，後一處的"王若曰"則可能是"王曰"之誤。在陳夢家看來，"王若曰"重現於一篇，可能有兩方面原因，一是，"今本《尚書》在後來傳錄之時，亦頗有附合"；二是，後世因爲不明"史官宣命之制"而造出的"追擬之作"，不足爲據。雖然陳夢家並没有提及《酒誥》，但《酒誥》中，只有開頭一處"王若曰"，以下共出現四處"王曰"，都可能是周公本人代表成王宣命的記錄。引文見陳夢家：《尚書通論》，第183—189頁。今人楊朝明説，實際上是"命出周公，故誥辭内容又間或有周公之語"，恰好説明"周公當時輔佐成王，總理國政，掌握大權"。所以，楊朝明堅持"《周誥》中的'王'"不是指周公。見《周公事迹研究》，第120頁。

① 轉引自（清）阮刻本《十三經注疏》影印本，（漢）孔安國，（唐）孔穎達：《尚書正義·酒誥》，上海古籍出版社，1997年，第205頁下。

材》連篇，《康誥》、《梓材》稱王者爲周公攝行，《酒誥》稱王者爲成王親誥，無以爲别，故後史加‘成’字，錄《書》者即後史，非必孔子也。”① “成”字顯然是後世抄錄者所妄爲，而並不出於孔子筆下。

於是，周公攝政是一回事，而稱王則又是另外一回事。這其中就冒出兩個不可繞開的問題，第一，周公有攝政，但有没有直接稱王呢，以及，“稱王”究竟是正式地坐上了周王的寶座了，即有没有“自立”，還是僅僅在發布號令時借用一下周王的名義呢？第二，史官記錄時，“王若曰”中的“王”是作爲天子的“王”，還是“攝政王”的“王”呢？

對於第一個問題，一些傳世文獻的記載與後世儒家的追述頗有矛盾、衝突之處。成王即位時比較年幼，肯定是事實，文獻《藝文類聚》卷六引《尸子》曰：“昔者武王崩，成王少，周公旦踐東宫，履乘石，祀明堂，假爲天子七年。”顯然，這裏的“踐東宫”、“履乘石”、“祀明堂”，都是只有天子纔有資格出面主持的大禮，包括宰相在内的任何臣子都不得僭越，不可代爲操辦。周公既然這麼做了，説明他實際已經擁有天子之

① 諸祖耿整理：《太炎先生尚書説·酒誥》，北京：中華書局，2013 年，第 131 頁。

位了，否則便名不正言不順了。《韓非子·難二》曰："周公旦假爲天子七年，成王壯，授之以政，非爲天下計，爲其職也。"假，爲假借、代理之義，其意則指没有正式登基、即位的天子。[①] 韓非的評價還是比較公允的，周公代理天子，並不是爲自己得天下著想，而是要盡他的職責，完全出於穩固周室政權的迫切需要。天子之位，周公還是上了的，但卻始終没有自立爲王。

甚至連先秦儒家自己也明確承認過這一點。《禮記》之《文王世子》曰："成王幼，不能蒞阼。周公相，踐阼而治。"《明堂位》也稱：周公"踐天子之位以治天下"。《荀子·儒教》更直言不諱地説："武王崩，成王幼，周公屏成王而及武王，以屬天下。"王先謙解曰："屏，蔽。及，繼。屬，續也。"[②]《春秋公羊傳·莊公三十二年》："魯一生一及，君已知矣。"何休解曰："父死子繼曰生，兄死弟繼曰及。"[③] 武王死後，周公蓋住成王，而繼承武王，按照殷商王位繼承"兄終弟及"之制度，也屬於正常，不爲篡逆。王國維説："周公之繼武王而攝

① 參閱《韓非子校注·難二》，南京：江蘇人民出版社，1982 年，第 526、527 頁。

② （清）王先謙撰，沈嘯寰、王星賢整理：《荀子集解·儒效》，北京：中華書局，2012 年，第 114 頁。

③ （漢）何休解詁，（唐）徐彦疏，刁小龍整理：《春秋公羊傳注疏·莊公三十二年》，上海古籍出版社，2014 年，第 339 頁。

政稱王也，自殷制言之，皆正也。”[①] 楊寬說：周公“繼承兄的王位而繼續治天下”，[②] 很明確，周公稱王的初衷完全是出於“惡天下之倍周”的考慮，所以纔挺身而出，勇挑重擔。於是，雖然他“履天下之藉，聽天下之斷”，雖然他“偃然如固有之”，然而“天下不稱貪焉”。[③] 因爲從周公的主觀動機看，是爲了周室政權之穩固；從實際結果看，最終他也還是把最高權力奉還給了成王。正如楊寬所說，“周公的攝政，確是周朝的緊急措施。因爲當時周克殷纔兩年，殷貴族的勢力還很强大，同時東方有許多夷族的方國還不屬於周的統治範圍，很容易出現‘聞武王崩而畔’的局面”。指望年幼的成王穩住事態是不現實的。所以，關鍵時刻，“周公出來攝政，而且稱王，是十分必要的”，因爲“不稱王，不足以號令諸侯以及周的所有貴族”。[④]

然而，後世儒家經生往往因爲擔心周公被歪曲、誤讀成篡權奪位的罪臣，[⑤] 也因爲擔心有亂臣賊子紛紛模仿周公而圖謀

---

① （清）王國維：《殷周制度論》，見《觀堂集林》卷十，北京：中華書局，1959 年，第 455—456 頁。

② 〔美〕楊寬：《西周史》，上海人民出版社，1999 年，第 139 頁。

③ （清）王先謙撰，沈嘯寰、王星賢整理：《荀子集解·儒效》，第 114 頁。

④ 〔美〕楊寬：《西周史》，第 140 頁。

⑤ 這種擔心也不是没有根據，《史記·魯周公世家》載，“初，成王少時，病，周公乃自揃其蚤沈之河，以祝於神曰：‘王少未有識，姦（轉下頁）

不軌、導致天下大亂，如霍光大司馬大將軍僭主昭帝，以軍權控制政權，專政二十年，枉費了武帝臨終前“君行周公之事”的囑托；如王莽自稱當世“周公”，由“攝皇帝”一躍而變爲“真皇帝”，①所以在這裏便蓄意淡化周公“稱王”的環節，不

（接上頁）神命者乃旦也。’亦藏其策於府。成王病有瘳。及成王用事，人或譖周公，周公奔楚。成王發府，見周公禱書，乃泣，反周公。”或曰：“成王少時病，周公禱河欲代王死，藏祝策於府。”後世臣子，如果没有周公對成王這樣的忠誠，是絶對不能、也不允許僭越稱王的。引文參閲點校本《二十四史》修訂本：《史記》（第五册），北京：中華書局，2013 年，第 1839 頁。周公踐阼，稱王攝政，是權變之舉，完全出於穩定周室社稷的迫切需要。但是，如何掌握權變、用好權變則很難，因爲儒家對於權變的要求是相當高的。孔子説：“可與立，未可與權”（《論語・子罕》），顯然，權是超越於經的，朱熹解曰：“權者，聖人之大用。”不離開經、常的適時、應事之權變是儒家道德實踐的一種至高境界，簡直就是一門神乎其神的藝術，非聖人則没有資格、也没有能力予以準確把握。而對於一般人來説，還是老老實實地根據經、常的要求按部就班比較妥當。

① 而從皇帝君王這方面看，唐太宗在改造國子學體制的時候，終於忍無可忍，把周公逐出了國子監的聖堂，以杜絶太學生把周公當作“合法改朝换代的聖王典範”。這樣，自武帝開始的周公崇拜、漢晉之間的“周孔之道”便告一段落。唐宋之間，代之而起的則是“孔顔之道”，至王安石變法運動，“孔孟之道”正式登場。參閲《朱維錚遺稿：爲何從武帝時代起，周公身價陡漲?》，上海：澎湃新聞網，2014 年 11 月 2 日。於此可見，中國歷史上的許多皇帝其實並不喜歡儒家學術，更談不上信奉之。出於穩定自家政權的需要，他們可以發揮和利用儒學建構社會秩序的功能，但因爲儒學主張天道革命、反對暴政而具有强烈的批判主義精神，所以他們在内心深處又很害怕儒學，想方設法抵制儒學。這也許就是唐太宗逐周公、朱元璋删《孟子》的重要原因。所以這裏完全有必要順便澄清一下：悠悠中國歷史上，儒家與政治不是一回事，儒家與專制更不是一回事。

言其稱王、得天子位，只說起“相成王”，而諱稱其攝政，以模糊乃至掩蓋其以臣代君之歷史事實。儘管攝政，但仍是臣，而不是王，更没有自立。所以，也便直接導致“王若曰”中的“王”被誤解爲攝政王、或成王乃至於更早的武王。[①] 漢代孔安國作《書序》，罔顧周公稱王、東征、作誥之文獻記載，非得說“周公相成王”、“成王既伐管叔、蔡叔”、成王“作《大誥》”，顯然屬於强斷。其序《君奭》時也堅稱：“周公爲師，相成王爲左右。”其爲周公隱諱之深，已經體現出“濃厚的宗法禮制思想”。[②] 實際上，孔安國顯然是在用宗周成熟時期的嫡

---

① 明代學者多把《酒誥》中的“王”理解成武王，而不指周公或成王。張居正的《書經直解·酒誥》，故宫博物院圖書館藏明萬曆刻本，見《四庫全書存目叢書》(經部 50)，第 243 頁以下；申時行的《書經講義會編·酒誥》，中國科學院圖書館藏明萬曆二十五年徐銓刻本影印本，見《四庫全書存目叢書》(經部 50)，第 662 頁以下。曹學佺的《書傳會衷·酒誥》，見《四庫全書存目叢書》(經部 52)，第 310 頁以下。與明代學者多把武王當成《酒誥》的作者不同，清儒則多以其爲周公之教導。如孫奇逢曰：“《酒誥》一書，叮嚀告戒，意甚嚴切。及讀朱子論三叔監殷，管、蔡爲商玩民以酒所中流言‘公不利於孺子，幾危宗社’。本書大槩爲此而發，從來無人悟及此意。此誥疑周公所作。”見《書經近指·酒誥》，《四庫全書存目叢書》(經部 56)，上海圖書館藏清康熙十五年刻本，第 349 頁下。楊方達曰：“康叔監殷民，殷民化紂嗜酒，故周公以王命戒之，作《酒誥》。”見《尚書約旨·酒誥》，《四庫全書存目叢書》(經部 59)，中國科學院圖書館藏清乾隆刻本，第 551 頁下。及至皮錫瑞，則更加肯定《康誥》三篇作自周公，見《今古文尚書考證·酒誥》，第 321 頁以下。

② 〔美〕楊寬：《西周史》，上海人民出版社，1999 年，第 141 頁。

長子繼承制，甚至是在用形成於漢代的君臣禮教綱常去套解和要求周初時代沿襲於殷代的“兄終弟及”之制。其擔心似乎已經給“王若曰”一句帶來了更多的誤會。

然而，假如周公的確是稱了王的，“踐東宫”，“履乘石”，“祀明堂”，那麼，他就應該成爲有周一代的一個有名、有位的正式天子，介於武王之後、成王之前，於是，周政建立之後的天子順序就應該是武王、周公、成王、康王、昭王等，而不是後來歷史所流傳的武王、成王、康王、昭王等。這其中究竟是因爲後來的歷史書寫一直被儒家知識分子所操控，還是因爲周公壓根就没有稱過王或自立過呢？要回答這個問題，不妨看看周公死後所享有的政治待遇，看看成王有没有將周公作爲天子去祭拜和尊重。

《史記・魯周公世家》載曰：

> 周公卒後，秋未獲，暴風雷雨，禾盡偃，大木盡拔。周國大恐。成王與大夫朝服以開金縢書，王乃得周公所自以爲功代武王之說。二公及王乃問史、百執事。史、百執事曰：“信有，昔周公命我勿敢言。”成王執書以泣，曰：“自今後其無繆蔔乎！昔周公勤勞王家，惟予幼人弗及知。今天動威以彰周公之德，惟朕小子其迎，我國家禮亦宜

之。”王出郊，天乃雨，反風，禾盡起。二公命國人，凡大木所偃，盡起而築之。歲則大孰。於是成王乃命魯得郊祭文王。魯有天子禮樂者，以襃周公之德也。①

這裏，“成王乃命魯得郊祭文王”，按照《禮記·明堂位元》的記載，魯君“祀帝於郊，配以後稷，天子之禮”，作爲諸侯國之首的魯君竟然可以在郊外設壇祭祀天地，並以周之始祖後稷配享，孔穎達疏曰：“成王特賜魯家用天子之禮，兼四代服器”，足見周公之地位已非普通諸侯、一般王臣所能比擬。雖然《禮記·郊特牲》曰：“諸侯不敢祖天子，大夫不敢祖諸侯”，同樣，百姓亦不敢祖大夫，公廟不設於私家，各自當奉其“所自出之王”，當奉其國之祖，但也有例外。襄公十二年秋，魯侯立文王廟，似乎還可以接受，有其特殊的歷史成因，鄭玄曰：“魯以周公之故，立文王之廟也”，但是，這種做法一旦蔓延開來，則一定導致天下之禮大亂。“諸侯有得祖天子，知大夫亦得祖諸侯”，一個攀比一個，禮制被僭越、被踐踏之勢便不可遏制。孔穎達《正義》說：“魯唯文王、周公廟得而

① 點校本《二十四史》修訂本：《史記》，北京：中華書局，2013 年，第 5 册，第 1843 頁。

用之，若用於他廟，則爲僭也。若他國諸侯，非二王之後，祀受命之君而用之，皆爲僭也。"[①] 果然，文公二年，《左傳》記，"宋祖帝乙，鄭祖厲王，尤上祖也"。[②] 莊公二十八年，《左傳》曰："凡邑有宗廟先君之主曰都，無曰邑。"[③] 魯有文王廟，宋有帝乙廟，鄭有厲王廟，宗廟所在雖邑曰都，皆不得禮之正。

諸侯國魯設置文王廟的特殊性是不可複製的。周公是千古不二的聖人，其德其能，其文思其武備，凡人只能望其項背，並且他也還得搭上跟文王的父子關係、跟武王的兄弟情誼纔行。孔《疏》曰："凡始封之君，謂王之弟封爲諸侯，爲後世之太祖。" 成王起先想以諸侯之禮葬周公，連老天都不讓，上蒼動怒、發威，警示以雷風之災。後來，"成王亦設郊天子禮以迎，我國家先祖配食之禮，亦當宜之，故成王出郊，天乃雨反風也"。[④] 公羊家的感應學説最早在死去的周公身上獲得了靈驗：

---

① （清）阮元刻《十三經注疏》（嘉慶刊本），（漢）鄭玄，（唐）孔穎達：《禮記正義・郊特牲》，《十三經注疏》（標點本），北京大學出版社，1999 年，第 785、783 頁。

② 蔣冀騁標點：《左傳・文公二年》，長沙：嶽麓書社，1988 年，第 96 頁。

③ 蔣冀騁標點：《左傳・莊公二十八年》，第 42 頁。

④ 〔日〕瀧川資言：《史記會注考證・魯周公世家》，第 4 册，上海古籍出版社，2015 年，第 1820 頁。

昔者，周公旦有勳勞於天下。周公既沒，成王、康王追念周公之所以勳勞者，而欲尊魯，故賜之以重祭。外祭，則郊、社是也；内祭，則大嘗、禘是也。夫大嘗、禘，升歌《清廟》，下而管《象》，朱干玉戚以舞《大武》；八佾以舞《大夏》，此天子之樂也。康周公，故以賜魯也。子孫纂之，至於今不廢，所以明周公之德，而又以重其國也。

郊祭、社祭皆爲天子之禮，大嘗、禘一般都得在太廟裏舉行，而《清廟》、《象》、《大武》、《大夏》則都是天子之樂，這些都是普通諸侯不可僭越的禮制規範。成王命令魯國舉行這種超規格的祭祀禮儀，目的就是要隆重表彰一下周公對於王室的功勳，弘揚其善德。故孔穎達疏曰："明周公之有德，而又以尊重其魯國也。"[①] 儘管周公在死後享有天子的祭拜待遇，但卻既無謚號，也没有在名分上成爲一代帝王。所以，雖然稱過王，攝過政，但終究還不是進入天子譜系的周王，而始終只是武王和成王的一位得力輔臣。

---

① （漢）鄭玄，（唐）孔穎達：《禮記正義・祭統》，（清）阮元校刻《十三經注疏》（嘉慶刊本）（三），北京：中華書局，2009年，第3489頁。

《周書》之《大誥》篇原本是周公東征的動員令，開篇即是“王若曰”一句，孔穎達《正義》引鄭玄注曰：“王，周公也。周公居攝，命大事，則權稱王”，周公“自稱爲王”是權宜之計，没有辦法的辦法。[①] 然而，非聖人不能行權，一般的人臣是不可以隨便稱王的。否則，無德之邪僻、無能之庸臣都可以找到藉口實行僭越與篡奪。但近人王國維在《殷周制度論》中指出，“當武王之崩，天下未定，國賴長君。周公既相武王克殷勝紂，勳勞最高，以德以長，以歷代之制，則繼武王而自立，固其所矣。而周公乃立成王而己攝之，後又反政焉。攝政者，所以濟變也。立成王者，所以居正也。自是以後，子繼之法，遂爲百王不易之制矣”。[②] 周公攝政而没有自立，攝政是“濟變”之策，權宜之計，最終還是把王權交給了成王。成王繼位符合“父死子繼”之制，是“居正”。這個“正”是對殷商“兄終弟及”之制的突破，屬於周人自己的發明。周公是“嫡長子繼承制”的創立者，自己不立，是要帶頭踐行和推廣這一新制。但周公攝政之權變，一定不能提升爲一種普遍的繼承方法，後世亂臣賊子不得仿效而

① （漢）孔安國傳，（唐）孔穎達正義：《尚書正義·大誥》，《十三經注疏》影印本，臺北：藝文印書館，2013年，第190頁下。

② 王國維：《殷周制度論》，北京：中華書局，1984年，第456頁。

擅立。

回答了第一個問題，其實第二個問題也就迎刃而解了。既然的確是稱過王的，那麼，“王若曰”中的“王”指周公，也便無可爭議了。而且，“《康誥》裏的王，也無疑是周公”。[①]《大誥》中的“王”，也應該是指周公。至於周公“在攝政時被尊稱爲‘王’”之説，[②] 顯然是忽略了周公踐阼稱王的事實，如果没有實質性的稱王之舉，作爲專門負責記事、記言的左右史官斷不敢輕易用“王”字來指稱周公。

其實，《周書》同時涉及周公、成王的各誥中，周公對成王也未必一直都尊稱爲王，《洛誥》篇中，周公還曾稱成王爲“孺子”。這也並不是貶低成王，而是長輩對小輩的一種昵稱，更何況周初之時親親、尊尊之界限還没有十分嚴格，《召誥》篇中，召公也曾稱呼成王爲“衝子”、“元子”，並不算冒犯，甚至還可以理解爲包含親切疼愛之溫情，相當於現代漢語中的“小家伙”、“小伙子”。

由此則又衍生出另一個問題，即可不可以“生稱成王”

---

① 〔美〕楊寬：《西周史》，第 140 頁。

② 參閲〔美〕夏含夷（Edward L. Shaughnessy）：《周公居東與中國政治思想中君臣對立辯論的開端》，見《孔子之前：中國經典誕生的研究》（*Before Confucius: Studies in the Creation of the Chinese Classics*），臺北：萬卷樓圖書股份有限公司，2013 年，第 102 頁。

呢？據段玉裁對《史記》的援引和分析，《魯世家》曰："管叔及其羣弟流言于國曰：'周公將不利於成王。'周公告太公望、召公奭曰：'……武王蚤終，成王少，將以成周，我所以爲之若此。'……周公誡伯禽曰：'我文王之子，武王之弟，成王之叔父，我于天下亦不賤矣。'"爲了周室之天下，周公之攝政，一向"勤勞王家"，經常"一沐三捉發，一飯三吐哺"，可謂鞠躬盡瘁、死而後已，無私無欲，奉獻良多。"周公在豐，病，將沒，曰：'必葬我成周，以明吾不敢離成王。'"[①] 周公對成王可謂赤膽忠誠，堅貞不二。所以，"詳玩此等，皆實生稱成王"，歷史上也不是沒有先例，"如湯生稱武王之比，非屬史家誤筆，三家之說固可信也"。[②] 至孔安國出僞《尚書》，則因馬融說而删去了"成"字也，故今傳《尚書》，僞孔本獨無"成"字。

在《周書》之《洛誥》篇中，周公也曾稱成王爲"王"，而成王則稱周公爲"公"。在《多方》篇中，也有"周公曰：'王若曰……'"的句子。"這些資料，都產生于所謂周公攝政

---

① 李全華標點：《史記·魯周公世家》，長沙：嶽麓書社，1988年，第260、261頁。

② 轉引自（清）皮錫瑞：《今古文尚書考證·酒誥》，北京：中華書局，1989年，第322頁。

稱王的時代”。[1] 然而，作爲疑古學派的顧頡剛、劉起釪卻不相信“生稱成王”之說。“當時皆相信死後纔有謚號，因成王爲死後之謚，不當見於生時”，[2] 也就是說，成王是姬誦死後的謚號，他年幼時、在位時，人們是不可能稱其爲“成王”的。[3] 衛宏、賈逵、馬融、鄭玄、王肅所看到的《書》本爲什麼皆是“成王曰”呢？清人劉逢祿的《尚書今古文集解》曰：“此後世孔子慮後世有周公攝政稱王之邪說，别嫌明疑而加也。”似乎“成”字乃孔子所加，爲的是表明周公雖然攝政，但卻始終尊奉成王，並無意於自己篡位稱王。戴鈞衡《書傳補商》曰：“複述成王之意，作《酒誥》、《梓材》兩篇，同時頒之。”[4] 因爲成王年幼，少不更事，缺乏處理朝政的能力，所以，未必能夠做出什麼正確的決策，而作爲攝政王的周公，“複述成王之意”似乎不太現實。一種可能的情況則是，周公以成王的名義

---

① 屈萬里：《西周史事概述》，見中研院歷史語言研究所、中國上古史編輯委員會：《中國上古史》（待定稿），第三本《兩周編之一·史實與演變》，1985年，第34頁。

② 顧頡剛、劉起釪：《尚書校釋譯論·酒誥》（第3册），北京：中華書局，2005年，第1381頁。

③ 但曾運乾引《顧命》“王崩”，馬融、鄭玄本“王”上亦然“成”字，而以爲“竝後錄書者加之也”。見《尚書正讀·酒誥》，上海：華東師範大學出版社，2011年，第182頁。

④ 轉引自顧頡剛、劉起釪：《尚書校釋譯論·酒誥》（第3册），第1382頁。

頒布指示、下達誥令，直接代宣王命，以提高其各項內容的合法性與正當性。

《史記·自序》中，“收殷遺民，叔封始邑，申以商亂，《酒》、《材》是告”[①] 一句所載錄的顯然是周公之事蹟。按照記述的先後順序，前文分別已描述過“武王克紂”、“成王既幼”之事，而行文已至“及旦攝政”平息管叔、蔡叔與武庚叛亂之後了，所以，此句的主語依然應該是周公。這樣，《酒誥》、《梓材》便不應該是武王的政治交代，也不應該是年幼成王的訓誥。皮錫瑞《今古文尚書考證》案曰：“史公所云‘申告康叔’，乃以告康叔者《書》非一篇，既有《康誥》，又申之以《酒誥》、《梓材》，故曰‘申告’。”[②] 這裏的“申”被皮錫瑞當作重複、再次的含義。《堯典》有曰：“申命羲叔，宅南交。”[③] 繼《康誥》之後，周公再作《酒誥》、《梓材》，以勸導和曉瑜康叔。

宋儒朱熹還曾以爲武王作《酒誥》。《朱子語類》錄曰：

---

① 李全華標點：《史記·太史公自序》，長沙：嶽麓書社，1988年，第948頁。

② （清）皮錫瑞：《今古文尚書考證·酒誥》，第321頁。

③ 參見黃懷信：《尚書注訓·虞書·堯典》，濟南：齊魯書社，2002年，第13頁。

“《康誥》、《酒誥》是武王命康叔之詞，非成王”，[1] 也不是周公。其根據主要在於胡五峰把《酒誥》編入《皇王大紀》，“不屬於成王而載于《武王紀》”之中。後來皮錫瑞便駁斥了武王作《酒誥》之說，“或乃云武王封康叔于康時已作誥，成王徙封于衛，乃取武王封叔于康之誥以申之，故《史記》云‘申告’”。康叔似乎是武王所封，而不是周公所封；武王分封姬封於康國的時候，就已經作好了《酒誥》、《梓材》，等到成王即位，又命康叔前往衛國的時候，則把武王的誥辭拿出來宣讀一下。這種解釋，在皮錫瑞看來，顯然“不知史公無是說也”。難道武王如此聖明，以至於竟然能預見到康叔以後會再封衛嗎，難道武王竟然也能預見到以後殷人要遷衛嗎，難道武王竟然還能預見到殷人崇飲、嗜酒會危害周政嗎？顯然不能。所以，武王作《酒誥》說是很難成立的，《史記》上根本就没有這麼說過。

接著，皮錫瑞又駁斥了成王作《酒誥》之說，“或又謂《康誥》作于武王，《酒誥》、《梓材》作于成王，故三家與馬本作‘成王若曰’”。好像《康誥》三篇非一人所作，武王制

---

① （宋）黎靖德編，楊繩其、周嫻君校點：《朱子語類·尚書二·總論康誥梓材》，第3册，長沙：嶽麓書社，1997年，第1845頁。

《康誥》，成王制《酒誥》、《梓材》，根本就没有攝政王周公什麼事兒似的。導致這種說法的原因，皮錫瑞指出，顯然是“不知《史記·周本紀》曰：‘次《康誥》、《酒誥》、《梓材》，其事在周公之篇。’[①]《衛世家》曰：‘故謂之《康誥》、《酒誥》、《梓材》以命之。’”[②]《周本紀》和《衛康叔世家》都已經説得很清楚了，這三篇都是周公旦“懼康叔齒少”而予以“申告”的真實記錄。所以，皮錫瑞斷定，“是三篇皆作自周公”，而不可能是武王或成王；並且，“乃一時所作”，先後差别幾可忽略不計。至於爲什麼“此篇獨云‘成王若曰’”，皮錫瑞曰：“蓋舊史之文如是，非别有異義也。”[③] 原先史書就寫成了這個樣子嘛，也没什麼别的含義，大可不必於此多糾結。

歷代所有注疏中，當數晚清經學家廖平對“成王若曰”一句的理解最具有新意，他説：“馬、鄭、王本及歐陽、大小夏侯三家皆作‘成王若曰’，可見《酒誥》爲成王之誥，然非姬周之成王也，故用代詞。”[④] 廖平的理解涉及漢語的語用學，“成”爲動詞，而非名詞。在他看來，“成王”當指周公成爲周

① 李全華標點：《史記·周本紀》，第25頁。

② 李全華標點：《史記·衛康叔世家》，第287頁。

③ （清）皮錫瑞：《今古文尚書考證·酒誥》，第321頁。

④ （清）廖平：《書中候弘道編》，見舒大剛、楊世文主編：《廖平全集》（第3册），上海古籍出版社，2015年，第352頁。

王，一舉當上了周人之王，而不是指後來繼位的那個周成王。於是，《酒誥》應該是周公踐阼稱王之後所頒布的訓政誥令，而絕不出自當時還年幼的周成王。廖平所謂的“代詞”，並非是你、我、他之類的代詞，毋寧指“成王”當係“成爲周王”的縮略語，“成王之誥”即周公成爲周王之後的誥命。

至於“生稱成王”之緣由，皮錫瑞引《春秋元命包》曰：“文王造之而未遂，武王遂之而未成，周公旦抱少主而成之，故曰成王。”① 從文王、武王到周公、成王之間，周政從天命肇始、到付諸實施、再到最後完成，顯然是經歷了一個過程的。這其中，周公發揮了重要作用，功不可沒。《漢書・韋玄成傳》曰：“成王成二聖之業，制禮作樂，功德茂盛，廟猶不世，以行爲謚而已。”② 如果成王是因爲真正實現周政一統，並以其偉大的功業與美好的德行而獲得謚號的，那麼，“生稱成王”則仍然是一個問題。因爲人們不可能在他還是襁褓中幼兒的時候就知道他一定會成爲一位有成之主，最多只能是長輩或國師在命名的時候圖個吉利、期望他如此而已。

---

① 參見〔日〕安居香山、中村璋八：《緯書集成・春秋元命包》（中），石家莊：河北人民出版社，1994 年，第 595 頁。

② （漢）班固：《漢書》卷七三《韋玄成傳》，長沙：嶽麓書社，1994 年，第 1347 頁。

成王並無死謚，很可能即位的時候就已被命名爲“成王”。《尚書大傳》曰：“奄君，薄姑謂祿父曰：‘武王既死矣，成王尚幼矣。’”[①] 成王之謂，不但是生稱，而且還是幼稱，而與死謚無關。皮錫瑞指出：“今本多妄改爲‘今王’，不知成王本生號也。衛、賈、馬之本同三家，而馬詆爲俗儒，不用其説。僞孔本乃用馬説，刪去‘成’字。”[②] 死謚雖爲通則，但也並非没有例外，成王即爲生稱。美國芝加哥大學夏含夷（Edward L. Shaughnessy）教授在詳盡分析了王國維所持周公不可能“舊制度下稱王”、顧頡剛所謂《蔡尊》銘文之“王在魯”必須指周公的觀點之後，依據《禽簋》之銘文而主張，“早在平定武庚之亂時（也即周公攝政期間），周成王就已經被視爲君王”了。[③]《酒誥》如果真的是成王所作，那麼史官則應該直書“成王若曰”，而不是“王若曰”了。

《酒誥》記曰：“明大命于妹邦”，明陸鍵《尚書傳翼》曰：

---

① 參見（清）皮錫瑞：《尚書大傳疏證·金滕》，光緒丙申師伏堂刊影印本，第257頁。

② （清）皮錫瑞：《今古文尚書考證·酒誥》，第322頁。

③ 〔美〕夏含夷（Edward L. Shaughnessy）：《周公居東與中國政治思想中君臣對立辯論的開端》，見《孔子之前：中國經典誕生的研究》（*Before Confucius: Studies in the Creation of the Chinese Classics*），第104頁。

"明有敷布、闡揚意。"[①] 指明確頒布，昭告於衆，不是那種内部傳達、秘而不宣的政治檔案。楊文彩引申曰："明者，直見源本所在，化民自臣始，化臣自身始，不但宣布教令而已。"[②] 大，緊要，重大，非同一般，指戒酒、禁酒、止酒之誥命關係國家之興衰存亡、社會風俗之美淫，非爲小事，不可輕忽。命，册命，策命，命令，指令，教令，必須嚴格遵照執行，不可違拗、反抗。明代史维堡曰："大命者，武王毖酒之命。"[③] 妹，楊方達曰："妹土，紂所都朝歌以北，在康叔封圻之内。"[④] 張道勤以爲是地名"沬"，在今河南淇縣北。[⑤] 臧克和亦指其爲"紂所都朝歌以北也"。[⑥] 沬邦，黄懷信説，"沬水所在之邦，即

① （明）陸鍵：《尚書傳翼・酒誥》，見《四庫全書存目叢書》（經部 53），清華大學圖書館藏明刻本影印本，第 105 頁上。

② （明）楊文彩：《楊子書繹・酒誥》，見《四庫全書存目叢書》（經部 55），江西省圖書館藏光緒二年文起堂重刻本影印，第 529 頁下。

③ （明）史維堡：《尚書晚定・酒誥》，見《四庫全書存目叢書》（經部 53），溫州市圖書館藏明崇禎八年刻本影印本，第 343 頁下。

④ （清）楊方達：《尚書約旨・酒誥》，中國科學院圖書館藏清乾隆刻本，《四庫全書存目叢書》（經部 59），第 551 頁下。

⑤ 張道勤：《書經直解・酒誥》，杭州：浙江文藝出版社，1997 年，第 113 頁。

⑥ 臧克和：《尚書文字校詁・酒誥》，上海教育出版社，1999 年，第 331 頁。

後世所稱之衛國”。[1] 張道勤解爲“殷商故地”。《酒誥》是周公攝政稱王期間所頒布的一個非常重要的政治囑咐，相當於帝制、王令，不可當兒戲，康叔以及衛國的官民都必須認真嚴肅對待之。

周初諸王策命的地點，根據陳夢家的西周鐘鼎文研究，或宗廟，如宗周大廟、宗周穆廟、周大廟、周康廟；或王宫、大室，如鎬京濕宫、周康穆宫、周康宫大室；或臣工之宫室，如宗周大師宫、周師錄宫大室、師戲大室。[2] 周公可能是在宫廷裏對康叔進行政治訓導的，而並没有親自到衛國去。這篇誥辭是史官記錄、整理的結果。[3] 周公爲什麽没有親自前往衛國，原因可能是，攝政王事務繁忙，日理萬機，實在走不開，暫時無暇蒞臨衛國問政，或者，衛國當時還有許多前殷遺民不服周人統治，攝政王如果去了，人身安全得不到保證。今本《酒誥》一些内容的完成在時間上則有先有後，但它們與《康誥》、

① 黄懷信：《尚書注訓・酒誥》，濟南：齊魯書社，2002 年，第 271 頁。

② 陳夢家：《尚書通論》，石家莊：河北教育出版社，2000 年，第 172、172 頁。

③ 據陳夢家説，西周成、康時期的史官有五種，大史、中史、内史、乍册、史，可見之於《周書》。乍册出現的次數多於内史，内史僅見兩次。乍册、史可以附私名，而内史、中史則一律不附。“西周初期的史官以乍册爲主，中期以内史爲主，而尹氏至晚期始盛”。見陳夢家：《尚書通論》，第 164、165 頁。

《梓材》一樣，都可能製作於周公攝政三年，而不是“建衛侯”之時的四年以及在此之後。[1]

周公訓導康叔，起先還得抬出文王，以顯示誥辭内容的正當性和權威性。新王初上任訓政講話，引述先王教導，既可以表示對先王的尊重，與先王之政的連續性，又可以獲得更多的説服力、公信力和震懾力。“法後王”的變法和改革一般都得打著“法先王”的旗號，纔有可能順利實施，而不論有没有直接的關係、邏輯鏈條是否扯得上，這是悠久中國的一個重要政治傳統。

祀茲酒

上古中國，酒的發明和使用，多與祭祀活動直接有關。周公對康叔説：

> 乃穆考文王，肇國在西土。厥誥毖庶邦、庶士越少正、御事朝夕曰：“祀茲酒。”

周人的始祖相傳爲后稷，文王係第十五世孫，序次當穆。

① 參閲杜勇：《〈尚書〉周初八誥研究》之《周初八誥的作者和年代》，北京：中國社會科學出版社，2017年，第52、53頁。

按照周代的宗廟制度，始祖居中，父昭在左，子穆在右。考，亡父。穆考爲文王。《詩・載見》："率見昭考"，《傳》曰："昭考，武王也。"[①] 周秉鈞："文王世次當穆，所以稱穆考。"[②] 文武兄弟，昭穆之秩。

肇，《爾雅・釋詁》：始也。[③] 引申爲創建，初立，締造。章太炎："《尚書》肇字，正當作肁。《說文》：'肁，始開也。'"[④] 周秉鈞：肇通"肁"。《虞書・舜典》："肇十有二州。"肇國，即開國。西土，即西方岐周。曾運乾：謂豐邑。《詩・文王有聲》："作邑于豐，文王烝哉。"甲骨卜辭中，四邊方國常指稱爲東土、西土……

茲，則也，《春秋左傳・昭公二十六年》："若可，師有濟也；君而繼之，茲無敵矣。"[⑤] 曾運乾《尚書正讀》："則也，聲

---

① 參見雒江生：《詩經通詁・周頌二・載見》，西安：三秦出版社，1998年，第857頁。

② 周秉鈞注譯：《尚書・周書・酒誥》，長沙：嶽麓書社，2001年，第154頁。

③ 轉引自周祖謨：《爾雅校箋・釋詁》，昆明：雲南人民出版社，2004年，第3頁。

④ 諸祖耿整理：《太炎先生尚書說・酒誥》，北京：中華書局，2013年，第132頁。

⑤ （晉）杜預：《春秋經傳集解・昭公二十六年》，上海古籍出版社，1997年，第1535頁。

之轉。祀兹酒，猶云祀則酒，即下文‘誥教小子飲惟祀’也。”[1] 父親文王在世的時候就經常叮囑各諸侯國的衆多卿士和官長、行政事務的具體經辦人員：祇有在祭祀的時候，纔可以用酒，不祭祀則一律不得用酒。這裏，周公援引文王的教導是想曉諭康叔一下，我現在說的道理跟文王是一致的，你如果反對我，也就是反對文王，不僅是不忠、大逆不道，而且還將落得一個不孝的名聲。

孔安國注曰：“文王其所告慎衆士於少正官、御治事吏，朝夕敕之：‘惟祭祀而用此酒，不常飲。’”文王戒酒，朝夕謹慎。祭祀纔用酒，自己則不飲。孔穎達疏曰：“所以不常爲飲者，以惟天之下敕命，始令我民知作酒者，惟爲大祭祀，故以酒爲祭，不主飲。”[2] 文王“不常飲”，並非自己不想喝、不能喝，只是他能夠非常恭敬地遵從上天的敕命與教導罷了。孫星衍引王充《論衡·語增》曰：“《酒誥》之篇‘朝夕曰祀兹酒’，此言文王戒慎酒也。朝夕戒慎，則民化之。”[3] 文王謹慎戒酒、

① （民國）曾運乾：《尚書正讀·酒誥》，上海：華東師範大學出版社，2011年，第183頁。

② （漢）孔安國傳，（唐）孔穎達正義：《尚書正義》，《十三經注疏》（標點本），北京大學出版社，1999年，第373頁。

③ （漢）王充：《論衡·語增篇》，見《百子全書》（第4册），第3286頁。

斷酒，天下民風則爲之一轉。

上古時代，農業耕作技術不穩定、不成熟，糧食的正常供應與食用尚且匱乏，可以直接投入窖池而釀造成酒的則甚少。而酒之使用大多與先民的宗教生活密切有關，非祭非祀皆不得輕易用酒。明人陸鍵曰："因祀而有酒，重在祀，不在酒也。用之祀，則爲降命；用之人，則爲降威。可見，酒只宜于祀，不宜於人。"[①] 酒是祭祀之禮的必備品，但祭祀之禮又並不特别在乎酒的品質好壞與數量多少，表達一下心意就足夠了。用酒祭祀的目的就在於請求上天賜予命令，可以引領蒼生；人喝了酒則可以提升自己的威力影響。但在根本上，酒是不適合被人所享用的，而只適合於祭祀天帝、神明之類的絶對存在者。至於酒在民間的大規模消費行爲，則顯然是後來的事情。章太炎説："平時禁酒，開我民使得歆酒者，惟在大祀。以此托之天命云爾。"[②] 百姓只有在祭祀活動之後纔可以飲酒，平時則一律予以禁絶。孫星衍曰："祀兹酒，謂文王不飲，而敬祭此酒。"周代有宗廟祭飲酒之禮，《儀禮·公食大夫禮》云："祭飲酒於

---

① (明)陸鍵:《尚書傳翼·酒誥》，見《四庫全書存目叢書》(經部53)，清華大學圖書館藏明刻本影印本，第105頁上。

② 諸祖耿整理:《太炎先生尚書説·酒誥》，北京：中華書局，2013年，第132頁。

上豆之間。"[1] 祭祀上酒，擺放的位置也有講究，但不喝。其實，不喝也是白白浪費，所以只能背後悄悄讓人喝掉。

孫星衍曰："文王但祭之，不崇飲也。"文王貴爲天子，天子當遵從天命，如同子尊於父。祭祀之用酒，乃孝敬上蒼天帝之物，自己是絕對不會飲用的，"或爲誥敕衆邦羣臣朝夕戒之，言惟祭祀可用此酒耳"。[2] 文王是在以身作則，其用意就在於，要告誡朝廷百官和天下百姓：酒當用於祭祀，人是不可以常喝的，否則，就必然敗壞人心和社會風氣。"祀茲酒"一句，是周王對酒的正當使用所提出的一項原則性、前提性、規範性的要求，還没具體上細，仍屬於粗線條的指導意見。及至下一段誥文，周公則針對在諸侯國任職的周族官員，明確要求其以德戒酒，做到"飲惟祀"，不是祭祀活動，則一律不能喝酒。

然而，漢代的王充卻持另一種觀點。皮錫瑞《今古文尚書考證》引《論衡》之《譴告》篇曰："紂爲長夜之飲，文王朝夕曰：'祀茲酒。'齊奢于祀，晏子祭廟，豚不掩俎。何則？非

---

① 陳戍國點校：《儀禮·公食大夫禮》，長沙：嶽麓書社，1989 年，第 211 頁。

② （清）孫星衍：《尚書今古文注疏·酒誥》，北京：中華書局，2004 年，第 375 頁。

疾之者，宜有以改易之也。”[1] 在王充看來，商紂王鍾愛於酒，已經做過了頭，徹夜喝酒，以至於傷身亡國。及至文王治政則不得不有所改變，而經常强調衹有在祭祀的時候，人們纔可以喝點酒。齊國的君王之於祭祀，太過奢侈，浪費嚴重，等到晏子做了上大夫之後則厲行節儉，他的廟祭，所用的祭品竟然還没有砧板大。爲什麽呢？原因並不是他想要批評前任，而是已經到了必須適當更易的時候了。

《語增》篇曰：“案《酒誥》之篇，‘朝夕曰：祀兹酒’，此言文王戒慎酒也。朝夕戒慎，則民化之。”文王朝夕戒慎的目的無疑是要教化好天下百姓，倡導良好的世風，因而讓社會成其爲社會。但如果文王自己“外出戒慎之教，内飲酒盡千鐘”，表面是一套，背後則是另一套，則必然會滋生諸多問題，諸如“導民率下，何以致化？”君王自己朝夕戒慎，以身作則，纔能感化民衆，教成禮樂，否則拿什麽達到這樣的效果呢？“承紂疾惡，何以自别？”於是便無異於跟紂王同流合污，學了他最壞的惡行。並且，“千鐘之效、百觚之驗，何時用哉？”[2] 那些所謂“文王千鐘”、“孔子百觚”的溢美之詞，也根本經不起實證檢驗。

---

① （漢）王充：《論衡·譴告》，見《百子全書》（第4册），長沙：嶽麓書社，1993年，第3359頁。

② （漢）王充：《論衡·語增》，見《百子全書》（第4册），第3286頁。

酒的起源：惟天降命，肇我民

關於“惟天降命”，王國維《古史新證》曰：降命謂降福也。劉盼遂案：降命乃古成語。《禮運》：“政必本於天殽以降命”，亦一證也。先生與友人書論詩中成語（按見《觀堂集林》卷二）云：《酒誥》云：惟天降命肇我民。天降命正與下文降威相對爲文。《多方》云“天大降顯休命于成湯”是也。[①] 命，乃旨意，引申爲指令、命令、任命，意思是既然人由天造，就必須無條件遵從天的旨意與安排，不得違拗。上天、上蒼，不僅可以“降命”，還可以“降威”。上古中國人觀念裏的天，是具有人格特性的，有道德，有理性，有意志，有情感，善獎懲，能賞罰。後世儒家春秋公羊學的天人感應論、祥瑞災異說也許正濫觴、發端於此。

肇之義，頗多分歧。黃懷信：同“教”，指教導，教會，教給。臧克和說：“按語義猶上文‘肇國’，又與下文語義相承貫。”“肇國”是開國、立國、創建邦國、締造邦國的意思，那麼，“肇我民”則顯然是對上天造化了人類、生養萬衆、哺育

① 轉引自臧克和：《尚書文字校詁·酒誥》，上海教育出版社，1999年，第332頁。

天下民口並使之活命、繁衍生息歷史過程的記錄和描述。張道勤則解作“始”，以爲上天“降下意旨”，“開始讓我下民懂得釀酒、用酒”。[①] 上天賜命，纔教給人類釀酒的方法，人類也纔開始有酒喝。綜合各家字解，這裏的“惟天降命，肇我民”應該指上天造出了人類，在教會了人類釀酒技法的同時，也告訴人類應該如何正確飲酒。

酒的起源在於神，而不在人。《春秋緯·元命包》直接把酒解釋成“乳”或“天乳”，近乎上天所贈予。“酒，乳也。王者法酒旗以布政，施天乳以哺人”。[②] 這裏的乳，應該從酒的養生功能與性質上來理解，對人的身體有好處，而不能僅僅局限於感性口味與視覺形色上兩者的區分，酒無色，而乳則爲白；酒辛辣，而乳酸甜。王者把美酒佳釀賞賜給民衆，以示恩澤浩蕩，把酒對人的哺育、滋養之功效发挥到极致，而達到治理天下的目的。但如果離開遠古的創世神話，我們便不能理解酒何以產生及它的正確用途。

成書于戰國末年的《吕氏春秋·審分覽·勿躬》記曰：

---

① 張道勤：《書經直解·酒誥》，杭州：浙江文藝出版社，1997年，第114頁。

② 〔日〕安居香山、中村璋八：《緯書集成·春秋元命包》，石家莊：河北人民出版社，1994年，第652頁。

大橈作甲子，黚如作虜首，容成作曆，羲和作占日，尚儀作占月，後益作占歲，胡曹作衣，夷羿作弓，祝融作市，儀狄作酒，高元作室，虞姁作舟，伯益作井，赤冀作臼，乘雅作駕，寒哀作御，王冰作服牛，史皇作圖，巫彭作醫，巫咸作筮。

此二十官者，聖人之所以治天下也。聖王不能二十官之事，然而使二十官盡其巧、畢其能，聖王在上故也。①

人不是由動物進化而來的，而一定是由上帝——遠古聖王，亦即地球先民，或星外智慧生命——創造出來的。上帝把人造好了之後，可人依然不會生活。於是，聖王又安排天神——“二十官”爲人類製作百業，教會人類生存技法。這“二十官”不是人，而是神，是具有高等智慧的生命存在。“二十”這個數目也只是一個隱喻而已，因爲他們是一個智慧生命羣體，是一夥神，複數的神們，初期的人類根本就無法知道其確切的數目。“儀狄”只是其中之一，按照上帝的旨意，他負責釀造美酒瓊漿。儀狄造酒，並非爲了人類自己的歡樂和愉

① 楊堅點校：《呂氏春秋・審分覽・勿躬》，長沙：嶽麓書社，1988 年，第 144、145 頁。

悦，而是便於人類藉助酒而能夠保持與天神的及時溝通。

而《戰國策·魏策二》也記載，梁王魏嬰在范臺設宴招待來自魯、衛、鄭、宋的四國諸侯。席間，魯共公恭侯“舉觴”而“擇言”曰：

> 昔者，帝女令儀狄作酒而美，進之禹。禹飲而甘之，遂疏儀狄，絶旨酒，[①] 曰：後世必有以酒亡其國者。[②]

儀狄，西晉張華《博物志》言其爲禹時人，當生活于夏朝，是文獻記載中我國最早的釀酒人，而未必一定是中國歷史上釀酒業的最早始祖。關於酒的來源，東漢劉熙《釋名》説，“酒，酉也。釀之米麴，酉釋久而味美也。”[③] 酒釀自於米麯，時間越長則越香。至於究竟誰最先釀出了酒，許慎《説文解字》卷一四稱：“古者儀狄作酒醪，禹嘗之而美，遂疏儀狄。

---

① 旨，即美，好。《詩·小雅·頍弁》：“爾酒既旨，爾肴既嘉。”《僞商書·説命中》：“王曰：‘旨哉!”在上古，旨的美好，既可以指飲食，又可以指言行。旨酒，即美酒。《詩·小雅·正月》：“彼有旨酒，又有嘉肴。”《禮記·投壺》：“子有旨酒嘉肴，某既賜矣，又重以樂，敢辭。”

② （漢）劉向集錄：《戰國策·魏策二》（下），上海古籍出版社，1998年，第846—847頁。

③ 參閲任繼昉：《釋名匯校·釋飲食》，濟南：齊魯書社，2006年，第218頁。

杜康作秫酒。”[①]《太平御覽》卷八四三引用《世本》曰：“儀狄始作酒醪，變五味。少康作秫酒。”[②] 可見，傳說中的禹帝時代，造酒的人或爲儀狄，或爲杜康。晉代江統引《酒誥》曰：“酒之所興，乃自上皇，或云儀狄，一曰杜康。”[③] 爲儀狄所造的“醪”，是一種糯米經過發酵而釀製的米酒，其“醪糟”，性溫軟，色潔白，味香甜，口感細膩，多產于長江以南地區。這種酒喝了以後，人的口舌對酸、苦、甘、辛、鹹五味的感覺，都會發生微妙的變化，而回不了本味。而爲杜康所造的秫酒，是用秫（一種旱地高粱）釀製出來的。這種高粱多產於北方黃河流域。宋代蘇軾《超然臺記》曰：“擷園蔬，取池魚，釀秫酒，瀹脫粟而食之，曰：‘樂哉遊乎。’”元代曹伯啓《冬至日白霤道中偶成錄》詩曰：“窮途卻值書云節，秫酒糠燈語夜闌。”

杜康是傳說中的人物，或曰黃帝大臣，掌管糧食，因把過剩的糧食塞進樹洞保存而偶然獲得釀酒技術；或曰《竹書紀

---

① 參見（清）桂馥：《說文解字義證・酉部・酒》，濟南：齊魯書社，1987 年，第 1302 頁。

② （宋）李昉、李穆、徐鉉等纂：《太平御覽・飲食部一・酒上》。見《四部叢刊三編》，北京：中華書局，1960 年縮印本。

③ （隋）虞世南：《北堂書鈔・酒食部七》，《四庫全書》本。

年》裏的夏代君主少康，《說文解字·巾部》："古者少康初作箕、帚、秫酒。少康，杜康也。"流落到有虞氏地盤期間，少康只能靠放牧爲生，卻還能通過飯食自然發酵現象而琢磨出一套釀酒工藝。

但"少康"爲什麼後來演繹成"杜康"，則始終是一個謎。如果翻出《說文》"杜，甘棠也"的注解而試圖找出"杜康"的成因，則可能是緣木求魚。甘棠是一種薔薇科植物，落葉喬木，與造酒没有什麼聯繫。於是，便有人從確鑿的歷史人物中，挖掘出杜康。清乾隆十七年（1752）修撰的陝西《白水縣志》記載："漢，杜康，字仲寧，生於陝西白水，善造酒。"①儼然漢代果真有杜康這麼一個人存在過，到了清代纔去撰寫漢代的人物傳，動機本身就值得懷疑。宋人高承的《事物紀原》描述道："不知杜康何世人，而古今多言其始造酒也。"談起釀酒的鼻祖，古今人們稱杜康的概率肯定遠比儀狄多，或可因爲高粱酒比米酒更烈性，喝起來過癮，此其一；其二，很久以來，北方都是中國的政治中心，高粱酒的流行面要比米酒更廣大。

從傳世文獻的記載和考古發現的情況看，中國無疑是世界

① 梁善長：《白水縣志》（1—2册），臺北：成文出版社有限公司，1976年，第500頁。

上具有悠久釀酒歷史的國家之一。酒的象形字很早就出現在殷商時期的甲骨文裏了，夏代的洛陽地區已經出現了製作精良的酒器酒具，商代都城朝歌（今河南淇縣）就有“酒池肉林”的傳說，周朝早先諸王都堅信殷商王朝的滅亡肯定與舉國上下酗酒亂德有密切的關聯。今天的我們雖然不能斷定儀狄、杜康是中國釀酒的始祖，但可以肯定的一點則是，他們對中國上古釀酒技術的總結、提高、完善和傳承應該是做出過重要貢獻的。

夏禹女兒既然能夠命令儀狄去釀酒，説明公主本人可能不知從哪裏早已知道酒的存在、酒的功用、好處以及酒的美妙，只是現在已經無法再現，或方法失傳，而不得不重新嘗試釀造。在經過一番艱辛摸索、無數次失敗試驗之後，儀狄最終釀出了美味佳釀，然後就進獻給禹帝。禹帝喝了，也覺得甘甜美好，但從此卻故意疏遠儀狄。個中原因可以在他説的一句話裏找到答案：後世君王，如果喝了這樣的美酒，一定會有因酒而亡國的。大禹因此也被今人稱爲“中國古代最早酒禁倡導者”。[①] 禹帝是聖王，不會飲酒誤事，而能夠主動斷酒，與酒保持距離。既然酒有這麼大的危害，那麼爲什麼帝女還要命令儀

① 黄修明：《〈尚書·酒誥〉與儒家酒德文化》，《北京化工大學學報》（社會科學版），2009年第1期。

狄去造呢，對於酒的文化，難道帝女比禹帝知道的更多嗎？究竟是禹帝對自己的控制能力不夠自信，還是帝女包藏禍心而串通儀狄陰謀用美酒顛覆夏王的統治呢？儀狄造酒不僅没有受到獎勵，反而遭到了冷落，其實一點都不冤枉。因爲面對酒的誘惑，連禹帝這樣的聖王都覺得控制不了自己，更不屑説一般人了。在禹帝那裏，酒只有神纔配享用，凡人飲用則是僭越，所以並不存在因爲喝酒誤事而一概拒絶喝酒的因噎廢食的問題。"絶旨酒"是禹帝個人對自己的一種嚴格要求，完全是一種自覺選擇。實際上，對於那些酒喝下去頭疼、胃難受、渾身不舒服的人而言，禁酒是很容易的，知其不好而遠之，躲開即可，幾乎没有什麼難度。難的是對這種人，他們知道酒的各種好，自己也有一定的酒量，對喝酒也有特別的愛好，卻毅然能滴酒不沾。非品節高超之人，不能爲之，禹帝偉哉！

關於酒的釀造，儒家經典則有這樣的記載，《禮記・月令》曰：

> 仲冬之月，……乃命大酋：秫稻必齊，麴蘖必時，湛熾必潔，水泉必香，陶器必良，火齊必得。兼用六物。大酋監之，毋有差貸。①

---

① 陳戍國點校：《禮記・月令》，長沙：嶽麓書社，1989年，第351頁。

酋，本義爲酒熟。鄭玄注："酒孰爲酋。"[1] 大酋，鄭玄："酒官之長也，于周則爲酒人。"或解爲"負責釀酒的官員"。[2] 秫，一種高粱，"稷之粘者，可以釀酒"。[3] 齊，鄭玄：孰成。或作整齊，純一，意指"做酒原料秫米稻米必須成熟整齊"。[4] 麴，即麯。蘖，樹木之嫩芽。《孟子·告子上》："雨露之所潤，非無萌蘖之生焉。"《漢書·貨殖傳序》："然猶山不在萑蘖。"麴蘖，"釀酒的酵母，用麥子經發酵製成"。[5] 時，及時，適時，或充分的發酵時間。東漢劉熙的《釋名》也解曰："酒，酉也。釀之米麴，酉釋久而味美也。"[6] 釀酒的原材料來自米、麴。

---

① （漢）鄭玄，（唐）孔穎達：《禮記正義·月令》（中），《十三經注疏》（標點本），北京大學出版社，1999年，第554頁。

② 王文錦：《禮記譯解·月令》，北京：中華書局，2011年，第234頁。

③ 潛苗金：《禮記譯注·月令》，杭州：浙江古籍出版社，2007年，第213頁。

④ 王文錦：《禮記譯解·月令》，第234頁。

⑤ 潛苗金：《禮記譯注·月令》，杭州：浙江古籍出版社，2007年，第213頁。

⑥ （漢）劉熙：《釋名·酒》，見任繼昉纂：《釋名匯校》，濟南：齊魯書社，2006年，第218頁。但《釋名》接著又曰：酒，"亦言踧也。能否，皆彊相踧，持而飲之也。又入口咽之，皆踧其面也。"踧，指一種驚懼不安、局促難受的精神狀態。劉熙剛剛還把"酒"說得那麼美好，轉眼間則又解釋成"踧"，陡然給出一個否定性的描述，古今唯一。喝酒之人，不管有没有量，或量大量小，第一口下肚，總不免刺激腸胃，反應於臉面，則必然呈現出初始時的痛苦和不適切。如果的確這樣，那麼喝酒則實在是一種不堪忍受的負擔了，還是不喝爲好吧。

“酉釋”當爲“酒澤”或“酒繹”之誤刻，可理解爲釀酒需要時間，越長越好，味道越甘醇甜美。湛，鄭玄：漬也。指浸泡。熾，鄭玄：炊也。指燒煮。湛熾必潔，指“浸泡炊蒸的過程必須清潔”。[①] 香，“甘冽，純淨”。[②] 齊，鄭玄：“腥孰之調。”[③] 或指火候。[④] 得，得當。六物，指秫稻、麴蘖、湛熾、水泉、陶器、火齊六項釀酒工序。差貸，鄭玄：“謂失誤，有善有惡也。”

鄭玄注曰：“古者獲稻而漬米麴，至春而爲酒。”並引《詩》曰：“十月獲稻，爲此春酒，以介眉壽。”[⑤] 江南地區多產水稻，在保證吃飽肚皮的前提下，餘糧則可以釀造米酒，至第二年春天即可開壇品嘗，古今皆然。釀製米酒的最好季節當在仲冬，其時爲“日月會于星紀，而鬥建子之辰也”，[⑥] 實質是因爲秋收時節稻殼飽滿，米粒充實，打下入倉，待晾乾一段時間

---

① 王文錦：《禮記譯解・月令》，北京：中華書局，2011 年，第 234 頁。

② 潛苗金：《禮記譯注・月令》，第 213 頁。

③ （漢）鄭玄，（唐）孔穎達：《禮記正義・月令》（中），《十三經注疏》（標點本），北京大學出版社，1999 年，第 555 頁。

④ 潛苗金：《禮記譯注・月令》，第 213 頁。

⑤ 參見雒江生：《詩經通詁・國風・七月》，西安：三秦出版社，1998 年，第 393 頁。

⑥ （漢）鄭玄，（唐）孔穎達：《禮記正義・月令》（中），《十三經注疏》（標點本），北京大學出版社，1999 年，第 552 頁。

之後，加以發酵釀造便成好酒。“周制蓋以冬釀，經春始成，因名春酒”，[1] 稻子如果不成熟，酒味則苦；不經過寒冬臘月的封缸發酵，酒則不香。

至於《儀禮·聘禮》鄭玄注曰：“凡酒，稻爲上，黍次之，粱次之，皆有清白”，[2] 可能是按照酒的原料成本、取材價值而言的。對於農家來説，水稻的耕種和收穫、米的生産，肯定要比雜糧來之不易。所以，至少在漢代，用稻米釀酒還是一件非常奢侈的事情。但自從蒸餾工藝發明、普及之後，高粱酒、包括米麥在内的多種糧食酒的口感、品味和檔次都遠高於米酒，因而更受世人青睞。

按照《月令》的記載，造酒過程還是比較複雜的，對選材、配料、時機的要求也多，有“六必”之説。孔穎達《正義》曰：“酒官之長，于此之時，始爲春酒，先須治擇秫稻，故云‘秫稻必齊’。”十月獲稻，用個把月的時間風吹、曬乾、脱殼成米，十一月左右則準備釀米酒，春酒是這個時候纔開始釀造的，而不是這個時候一下子就可以完成的。釀材選取也是有考究的。《月令》提及稻米，孔穎達則加上了“秫”。其實，

---

① 雒江生：《詩經通詁·國風·七月》，第394頁。

② （漢）鄭玄，（唐）賈公彦：《儀禮注疏·聘禮》，阮刻本《十三經注疏》影印本，上海古籍出版社，1997年，第1064頁中。

秫米是蘖，糯而黏，味甘性寒，可以祛風除濕，和胃安神，解毒斂瘡，而不是一種食用之米。“齊得成熟，又須以時料理麴蘖，故云‘必時’”。上等的米酒，不僅材料要精選得當，而且發酵的酵母（民間或稱“酵頭子”，今人也叫“發酵粉”）也必須精心打理，要發得恰到好處，如果没發起來則酒勁上不來，而發過了則酸，都不好喝。稻米浸泡、燒蒸的過程，不能有任何雜食、雜物混入，注意保持清潔，否則，釀出來的酒就串味了。釀製米酒所用的水，也必須清澈、甘冽、純淨。故孔穎達曰：“所用水泉必須香美”，好水纔能出好酒，水不好則酒一定不好。“所盛陶器必須良善”，盛酒的陶土容器也不能粗製濫造，而必須製作結實、精良。假如其質地不好、密封不善，都有可能影響米酒的甘醇和品味。“炊米和酒之時，用火齊，生孰必得中也”。釀米酒得先把米蒸熟，太生，則出不了酒；太熟，酒則成了米湯。所以，掌握好火候、恰當、適中便顯得非常重要。

“兼用六物”者，孔穎達曰：“秫稻一，麴蘖二，湛熾三，水泉四，陶器五，火齊六也。”六物，即六事。無論是在官方的作坊裏，還是在很不起眼的農舍土屋裏，釀製米酒都是一個比較複雜的系統工程，需要各個不同環節的相互協作，每個步驟都不能出現差錯和閃失。孔穎達曰：“作酒之人，用此六事作酒，大酋監督之，無使有參差貸變，使酒誤其善惡。”[1] 周代的官方酒坊已經有了明確的崗位分工，“酒人”負責具體的生產流程與勞作，而大酋則監督之，還有酒正一官，是喝酒事務的行政領導。孔穎達以爲，酒正“掌管酒之政令”以及“酒出入之事，不親監作”，而大酋卻必須深入生產一線。

在《月令》篇中，“天子命有司祈祀四海、大川、名源、淵澤、井泉”一句，緊跟在“乃命大酋”之後，並不能説明，天子交代、安排下來的“祈祀”活動肯定與酒有關。因爲這個時候，仍然是“仲冬之月”，米酒纔剛釀製下去，還不能喝。能夠用來祭祀“四海、大川、名源、淵澤、井泉”、向天帝表達敬畏之意而祈禱風調雨順的供奉之物，只能是剛剛收穫上來不久的五穀糧食。如果需要用酒，則只有等到來年春天正式開壇了。所以，此句在《月令》中，應當另成一節，而不應當接在“大酋監之，毋有差貸”之後。

酒的正當使用：惟元祀

按照文王的要求，“祀茲酒”，亦即祀則酒，也就是説，只有在祭祀天神、卜問軍政大事的時候，人類纔可以喝酒，而在

---

① （漢）鄭玄，（唐）孔穎達：《禮記正義·月令》（中），《十三經注疏》（標點本），北京大學出版社，1999 年，第 555 頁。

其他時間、其他場合，喝酒都是不對的。甚至，“上帝造出酒來，不是給人享受，而是爲了祭祀。”① 祀之重大，需要慎之又慎，因爲其所涉及對象非神即國，千萬不可輕率對待、馬虎從事。《周禮·地官·鼓人》：“以雷鼓鼓神祀”，② 鄭玄注：“雷鼓，八面鼓也。神祀，祀天神也。”賈公彥疏：“天神稱祀，地祇稱祭，宗廟稱享。”祀禮奉天，崇拜神明。“雷鼓祀天神，又尊於地祇，宜八面”。③ 鼓面多聲大，音響震天，則可以感動上蒼，溝通神人。《春秋左傳·文公二年》：“祀，國之大事也，而逆之，可謂禮乎?”④ 國家每每實施軍政大事所奉、所祀的對象，其實也無非是上天神明，有時也祭拜先人，列祖列宗。

周公在指出酒“惟天降命，肇我民”的前提下，强調“惟元祀”。惟即衹是，僅僅。元者，大也。祀，祭祀。惟元祀，指衹有在大祀之時纔可以飲酒。爲什麼呢？物質條件方面的原因可能是上古時期釀酒還是一件不太容易的事情，造酒的原

---

① 錢宗武、杜淳梓：《尚書新箋與上古文明》，北京大學出版社，2004年，第183頁。

② 陳戍國點校：《周禮·地官·鼓人》，第34頁。

③ （漢）鄭玄，（唐）賈公彥：《周禮注疏·地官·鼓人》，《十三經注疏》（標點本），北京大學出版社，1999年，第315頁。

④ （晉）杜預：《春秋經傳集解·文公二年》，上海古籍出版社，1997年，第429頁。

料、設備、技術及儲存條件都跟不上，於是，酒顯得彌足珍貴。如果不是特別重要的大事，一般是不得用酒、不得喝酒的。一旦用酒，則要表達人們的充分敬畏之心。下一段誥文中的“飲惟祀”，其實就是在强調，酒在祭祀過程中，人是不能與神、祖同時共用的，得分別一下先後之次序。而精神方面的原因則可能在於，喝酒可以實現與神的契合、溝通，巫師、主祭在喝了酒之後所達到的那種似醒非醒、似醉非醉、恍兮惚兮、亦虛亦實、亦真亦假的境界，則可謂天人通合、神我一貫。於是，酒便可以發揮聯結神、人的作用，而成爲天帝在創造世界之初特意留存於人世間的一種通神之物。巫師、主祭在喝了酒之後，在微醺的狀態下，而不是酩酊大醉，睡眼朦朧，其精、氣、神變得唯恍唯惚，最容易升華自己，進而能夠恰到好處地領會上天、神明的性情和意旨。①

---

① 後世才子則頗善於利用酒後這種恍兮惚兮、半醉半醒的心靈境界進行文學藝術創作。明人唐寅的《桃花菴歌》，其詩曰：“桃花塢裏桃花庵，桃花庵下桃花仙。桃花仙人種桃樹，又摘桃花换酒錢。酒醒只在花前坐，酒醉還來花下眠。半醒半醉日復日，花落花開年復年。但願老死花酒間，不願鞠躬車馬前。車塵馬足貴者趣，酒盞花枝貧者緣。若將富貴比貧者，一在平地一在天。若將貧賤比車馬，他得驅馳我得閒。別人笑我太瘋癲，我笑他人看不穿。不見五陵豪傑墓，無花無酒鋤作田。”不同於儒家對酒的矜持和謹戒，道家對酒則心懷感激，因爲酒可以幫助他們忘卻塵世煩惱，迅速回歸自然，進入如夢如幻的仙境。但問題是，如果大家都借酒逃避，人人都在“花前坐”、都在“花下眠”，那麼誰來管天下事，誰來創造社會財富，誰（轉下頁）

造酒的原料雖然是來自田地裏的五穀雜糧，它們都屬於人類的食物資源，可以充饑，填飽人們的肚皮。然而，在使用指向和愉悦對象上，酒卻是精神性的，俗不用酒，酒不落俗。於是，喝酒便也應該成爲一種超越性的精神追求，喝酒的過程是在意志自由的審美衝動支配下實現並完成的，其目的肯定不在於感官、肉體的暫時滿足與麻醉。五穀雜糧在形中，而經由它們釀造出來的酒卻可以躍升於形上，即便它自身仍然無法擺脱一種無色、透明的液體狀態。五穀雜糧並不自由，總爲既定的形狀所束縛，但酒卻是自由的，經由發酵、蒸餾而使五穀雜糧之原料成爲糟粕，提煉出來的液體，則上善若水，隨遇而賦式，裝在什麼

(接上頁) 來負責芸芸衆生的日用常行？酒要人造出來，桃花也要人去摘纔能換成錢，更何況，打酒買菜之前還得掂量一下自己的肚子能不能吃飽。只有在吃飽飯之後，纔有心思喝酒。如果人們都致力於“得閒”，都只願意“老死”在“花酒間”，而“不願鞠躬車馬前”，事情誰做，人間秩序誰去維持？而一旦需要做事情，則離不開儒家，離不開儒家始終念念叨叨的是非計較、價值承認與倫理建構，更離不開無數“豪傑”積極有爲的艱苦付出和卓著奉獻。人雖然不能免於一死，到頭來誰都是“無花無酒鋤作田”，但在世的過程卻閃爍著人性教化與文明超越的光輝。人之爲人，畢竟不能等同于純粹自然的動物。夏商周三代之治，好就好在儒家價值占據主導地位。秦漢之後，宋明以降，壞就壞在道家無爲、妥協、泯滅是非、消解正義的觀念滲透進中國人的骨子裏，遇到什麼危機都能夠接受、順應，直至不爭取、無抵抗、無作爲，最終和光同塵，迷迷糊糊混日子。所謂“半醒半醉日復日，花落花開年復年”，無非就是要忘卻時空，蕩滅記憶，與物渾然。

器皿裏，它就成爲什麼形狀，以不變應萬變，以無形成有形。

既然喝酒可以通神，那麼，酒的使用便應該形上化、超越化，而不應該太俗。所以，今人一邊吃菜一邊喝酒，是一種錯誤的消費方式。喝酒，首先應該是一種靈魂需要。雖然說，酒不關乎肉體，而只關乎靈魂，但酒又不得不借助於唇齒、喉舌、腸胃等肉體器官穿入而過，直至揮發殆盡。① 其實，只要一想到作爲糧食精華、醇厚香甜的酒喝下肚之後，馬上就要跟一團嚼得稀爛並且散發著各種氣味的食物漿糊一起混合在自己的腸胃裏，總不免有一種令人作嘔的感覺，簡直就是在糟蹋世間最美好的事物，是對酒的一種莫大褻瀆。所以，正確的喝酒方法是，它必須與飯菜分開來，清空腹腔，避開五穀雜糧等一切食物，確保能夠被單獨飲用，抿上一口，壓在舌下稍作停留，閉上雙眼，慢慢品，細細嘗，讓酒的醇香與甘美在自己的身體内盪氣回腸一番，這樣纔不至於違背先人製酒的初衷。

---

① 然而，酒也關乎肉身。酒也可以作爲一種藥，而對身體起到健康調節的作用。明人李時珍《本草綱目》曰：米酒"苦，甘，辛，大熱，有毒"。以酒治病，是以毒攻毒。清人陳士鐸《本草新編》亦曰："酒，味苦，甘，辛，氣大熱，有毒。無經不達，能引經藥，勢尤捷速，通行一身之表，高、中、下皆可至也。少飲有節，養脾扶肝，駐顏色，榮肌膚，通血脈。"早先的儒家因爲過分注重以德行養身，强調"一簞食一瓢飲"、清心寡欲式的修爲工夫，而往往輕忽了酒對人之身體氣血的滋養、對生命健康的促進療效。及至後世，道家、醫家則極好地發揮了酒的養生功能。

關於“元祀”，從漢代孔安國開始，其《傳》曰：“惟天下教命，始令我民知作酒者，惟爲祭祀。”上蒼教人造酒，只爲了祭祀之用，兩千年間，這一觀點幾無爭議。唐人孔穎達，也疏曰：“惟爲大祭祀，故以酒爲祭，不主飲。”[①] 直至現代周秉鈞，其解曰：“惟大祀可飲酒也。”[②] 然而，及至晚清，學者俞樾《羣經平議》一書則開始把“元祀”與殷商紀年方法聯繫在了一起。俞樾的斷句爲“肇我民惟元祀”，指其“言與我民更始，惟此元祀也”。於是，所謂“元祀”者，即指“文王之元年”，其理由則在於上文有曰“肇國在西土”一句。而“肇國者，始建國之謂，故知是文王元年也”。俞樾以爲，“曰‘元祀’者，猶用殷法也。蓋文王元年即有此命，故云然耳”。後來的王國維也跟著說：“指文王受命改元事，非指祀事。”[③] 再後來，曾運乾引《史記》曰：“詩人道西伯，蓋受命之年稱王也。”[④] 顧頡剛、劉起釪也指出，“按殷代晚期甲骨文中的計時

---

① （漢）孔安國，（唐）孔穎達：《尚書正義·酒誥》，《十三經注疏》（標點本），北京大學出版社，1999年，第373頁。

② 周秉鈞：《尚書易解·酒誥》，上海：華東師範大學出版社，2010年，第172頁。

③ 王國維：《王觀堂先生〈尚書〉講授記》。

④ 曾運乾：《尚書正讀·酒誥》，上海：華東師範大學出版社，2011年，第183頁。

法，以日、月、祀、祀季爲順序，金文中如《伐辰彝》、《艅尊》也都以'唯王幾祀'敍起"，而正好"到肇我民惟元祀"一段，是在"敍文王在元年講了這段話，故把紀年置在末尾，確是用殷法"。①

商朝稱年爲祀，《周書·洪範》曰："惟十有三祀，王訪於箕子。"② 當年已經是商王册命文王之十三年，武王四年，即滅商之年，西元前1044年。但卻是紀年前置，行文一開始就交代時間，而不是放在末尾。從俞樾、王國維，到曾運乾、顧頡剛、劉起釪，堅持改元而不主張祭祀，雖然注意到殷商紀年的制度，但卻忽略了：

(1) 紀年前置與後置的差別，作爲《伐辰彝》、《艅尊》金文的落款，可以後置，但史官記錄誥文卻一般預先交代時間，有慣例可稽。

(2) 前文已經交代過，文王"肇國在西土"，並且，"厥誥毖庶邦、庶士越少正、御事朝夕"，時間、地點、人物、說話對象都已經說得非常清楚了，實在没有必要再次補充點出文王

① 顧頡剛、劉起釪：《尚書校釋譯論·酒誥》(第3册)，第1387頁。

② 箕子，名胥餘，殷商末期之王族，商王文丁的兒子，帝乙的弟弟，商紂王的叔父，官至太師，因其封地於箕，故稱"箕子"。他與微子、比干齊名，史稱"殷末三賢"。孔安國《傳》曰："商曰祀，箕子稱祀，不忘本。此年四月歸宗周，先告武、成，次問天道。"引文見《尚書正義》，第297頁。

訓令戒酒的具體年份。

(3)“惟天降命，肇我民，惟元祀”一句，當與“酒”的問題密切相關，雖然不提“酒”字，與下文“天降威，我民用大亂喪德”也可以正相呼應，而不可能與此前講述文王“肇國在西土”的事件構成不必要的語義重複。這裏，不能割裂掉“惟元祀”的上下文背景。

(4)“惟元祀”與前文“祀茲酒”、下文“大亂喪德”的意義關聯和邏輯統一，如果陡然單單冒出一個紀年時間，顯得非常突兀而尷尬，不合行文規律。

(5) 俞樾之後，直至顧頡剛、劉起釪，“文王紀元”説始終没有得到當今學者的廣泛認可，周秉鈞、張道勤、黄懷信、錢宗武和杜淳梓的《尚書》注本皆不取，而依然遵從孔安國“惟爲祭祀”之説，臧克和雖引王國維《古史新證》語但卻未置可否。故把“元祀”當做紀年，恐不足爲訓，暫且一仍其舊。

而更爲重要的另一點則是，周人在建政之初是没有自己的正式紀元方式的，依然延續了殷人的紀年習慣。清儒顧棟高《尚書質疑・商周改時改月論》中也只説改正改月，卻未提及更元。“商建丑，周建子。王者易姓、受命必改正朔，所以新天下之耳目。凡王朝之發號施令與史臣之編年紀事，必稟於是，而莫有易焉者也”。上古“改正必改月”，而“改某月爲正月”則指改正。商《伊訓》：“十有二月，乙丑”；《太甲》：“十有二月，朔”，這就是以十二月爲“建子之月”。夏朝把十一月說成十二月，顯然是改月；而把“冬，十一月”說成“春”，則是改時，而“改月則必改時”，事之所當然也。周人《泰誓》：“惟十有三年，春”，這裏的“春”也是“建子之月”。[①]夏、商、周三代皆改正朔，卻未必都建元。中國歷史上，年號的成慣例使用始於漢武帝。

楊寬在《西周史》一書中指出，武王繼位之後，“繼續使用文王選拔重用的大臣執政”，虢叔、閎夭、散宜生、泰顛、南宮括五位有德之人，除了虢叔已死，其餘則“惟兹四人尚迪祿”（《君奭》），[②] 並且還都能夠“咸劉其敵”，共同對付殷商頑敵。“武王繼續使用文王選拔的原班人馬執政，就保持了政策的連續性”，讓世人見證一下文王、武王政策的高度一致性。同時，“武王没有改元”，而是“繼續以文王受命稱王之年爲元年”，新王即位卻不更元，武王之意在於表明自己所接續的是文王克殷建周之偉大事業。周原出土的殷商末年甲骨文中，有兩片直接記載著商王册命周方伯之事。一片刻有：“貞：王其來

① （清）顧棟高：《尚書質疑·商周改時改月論》，見《四庫全書存目叢書》（經部 60），道光六年眉壽堂刻本影印，第 127 頁上。

② 參見黃懷信：《尚書注訓·周書·君奭》，第 320 頁。

又太甲，册周方伯，□惟祖不佐於受又又。”另一片則刻有：“王其昭帝……天……典册周方白，惟足亡左……王受又又。”[1]這裏的“王”應該是商王，而非周王，因爲周王不可能給自己册封爲王，商王册封之後，周纔正式成爲殷人的一個屬國。其後不久，據《古本竹書紀年》載，帝乙“二年，周人伐殷”(《太平御覽》卷八三引)。周人之所以要以下犯上，以小謀大，以弱取强，主要是因爲商王太過無道，不伐不足以伸張天道。後來的周人便一直以文王受商王之命的那一年爲周政之始，稱爲元年。“文王稱王七年而死，武王仍以即位後的一年稱爲八年”。武王沿襲文王之志意，甚至可以體現在年號的一脈相承上，“這無非表示繼嗣文王‘受命’的基業而毫無改變”。[2] 所以，“惟元祀”應該不是史官記錄、鐘鼎銘刻之落款紀年，聯繫上下文語境，而應該涉及造酒、用酒的前提與要求。

---

① 轉引自〔美〕楊寬《西周史》，上海人民出版社，1999 年，第 69、70 頁。

② 〔美〕楊寬：《西周史》，第 85 頁。

卷三　無彝酒，以德自將

——酒的德性規定與禮法制約（一）

酒被濫用：喪德，喪邦

用酒不當，天則降畏。周公說："天降威，我民用大亂喪德，亦罔非酒惟行。"《尚書》日寫本九條道秀公舊藏本作"天降畏"，已將威、畏等同。"天畏"也是一個上古成語，《大盂鼎》銘文即有"畏天畏"之說。① 張道勤解"威"爲"威罰"，曾運乾、黃懷信則訓作"罰"。"天降威"與此前"天降命"恰好形成對文。民者，人也，上古義通、互解。《僞夏書·五子之歌》："民惟邦本"，即只有人纔是邦國政治的可靠基礎。《論語·季氏》："困而不學，民斯爲下矣。"不通于仁義大道，卻還不求學上進，人如果這樣就算是最下作的一類了。我民，並

① 臧克和：《尚書文字校詁·酒誥》，上海教育出版社，1999 年，第 333 頁。

非指周人，而指被周王俘獲的前殷遺民。用，訓作因、以，指因爲、由於，也可引申爲通過，借助於。亂，指破壞，敗壞，紊亂，無秩序。罔，指無，没有。惟，王引之云："《玉篇》曰：惟，爲也。"《皋陶謨》曰："萬邦黎獻，共惟帝臣。"於是，"惟"即可釋"爲"。但張道勤解"惟"作語助詞，"義近在、之"。①

關於"行"，俞樾《羣經平議》謂："'行'當作'衍'字之誤也。"俞樾舉例《淮南子·泰族篇》"不下廟堂而行四海"爲證，今本"行"皆誤作"衍"。這種改字訓詁的解釋方法，連顧頡剛都以爲"殊可不必"，② 所以更不甚可靠，不能太當真。楊筠如《尚書覈詁》稱："古語'惡'亦作行苦。《周禮》鄭注：'謂物行苦者。''行苦'，即此'行'、'辜'也。"周秉鈞《尚書易解》則根據《爾雅·釋詁》"行，言也"而解爲"也没有不是以酗酒爲罪的"。這兩解亦通，或備一說。

明人冉覲祖《尚書詳說》曰："夫酒之爲物，本以供祭祀，

---

① 張道勤：《書經直解·酒誥》，杭州：浙江文藝出版社，1997年，第114頁。

② 顧頡剛、劉起釪：《尚書校釋譯論·酒誥》（第3册），第1388頁。

後人不知本意，縱飲而不知節，以自取禍，是即天降威罰於人也。”① 後世之人淡化了酒的原始用途，卻又沉溺於酒，而總不能自節自制。因爲喝酒足以導致喪德，所以纔不能免於天罰。孔安國《傳》曰：

> 天下威罰，使民亂德，亦無非以酒爲行者。言酒本爲祭祀，亦爲亂行。②

上蒼是有靈性的，現在已經向我們降下了懲罰，就是因爲我們封國之内的人，包括前朝官吏及其治下的民衆，經常不正當飲酒，甚至酗酒，酒後又亂性，不能控制自己的情緒和言行，意氣用事，爲非作歹，極大地敗壞了世風和道德。曾運乾說：“天降威，喪其身與亡其國，莫非酒階之厲也。”③ 許多人還没有認識到酒的危害性和破壞性，認同並參與喝酒而在不知不覺中助長了酒風盛行。張道勤說：“我下界民衆因

---

① （明）冉覲祖：《尚書詳說・酒誥》，見《四庫全書存目叢書》（經部58），濟南：齊魯書社，1997年，第459頁下。

② （漢）孔安國傳，（唐）孔穎達正義：《尚書正義》，《十三經注疏》（標點本），北京大學出版社，1999年，第373頁。

③ 曾運乾：《尚書正讀・酒誥》，上海：華東師範大學出版社，2011年，第183頁。

敗壞喪失美德，致使上天降罰，無不是因爲無節制地用了酒造成的。”這裏的“無節制”，最爲緊要。傳說中的禹帝本人是能夠做到徹底禁酒的，“絶旨酒”所考驗的顯然是一種毅力與堅持。所以，夏政之於酒，一律拒絶，不存在節制與否的問題。

酒精非理性，瓦解自制力，消磨人的德性意志。因爲喝酒而導致亡國，則是對國家的犯罪。周公說：“越小大邦用喪，亦罔非酒惟辜。”越，放在句首，臧克和說：“或以爲發語詞”；但顧頡剛、劉起釪，張道勤都解作“及”；而黄懷信則釋爲“以至於”，于義通順，不失爲正解。辜，《爾雅·釋詁》：罪也，指罪過。《韓非子·說疑》：“賞無功之人，罰不辜之民，非所謂明也。”張道勤則解作：罪，犯罪，作祟。孔穎達疏曰：“故于大小之國，用使之喪亡，亦無非以酒爲罪，以此衆士、少正，皆須戒酒也。”酒，乃純物，中性不偏，如如不動，原本無辜，只是人往往控制不了自己，不知節度，過於任性，導致喝多誤事、誤政，直至耽擱了邦國大命。一國一朝的喪滅玩完，原因往往都是多維、多重的，廣泛涉及朝政決策、民生經濟、軍事防務、社會文化等各個層面的問題，而不可能是唯一的。如果單單歸結、怪罪於酒，說明已經在思維上患了嚴重的懶惰毛病，不想從邏輯上去分析事情，簡約其因，隨便訴諸。

自古以來，酒有不堪承受之重，人們對酒誤解多於正解。[①] 酒就是一個自在之物本身，自性無色，清白不染，没有好與不好之分別，其好與不好則全在乎人用。人不可以推卸掉自己身上的主體責任，誤了事、壞了事，便讓酒來背黑鍋。

不許常喝：無彝酒

周公仍然以文王的口氣教導康叔及其下屬官僚，對喝酒的頻次提出了明確的要求。"文王誥教小子有正、有事：無彝酒。"這裏的"小子"，孔安國說是"民之子孫"，但歷代注家多不從，金履祥《書經注》作：公侯卿大夫或庶邦諸臣之子。牟庭《同文尚書》作：年少之庶人在官者。楊筠如《尚書覈詁》作：百姓。曾運乾《尚書正讀》作：同姓小子。張道勤《書經直解》稱：其年輕的子孫。顧頡剛、劉起釪則說是"當時統治者對其年輕後進的親昵的稱呼，既作泛稱用，也可專稱呼某一人。此處'文王誥教小子'，是指周文王泛對其晚輩進行教導"。[②] 結合《康誥》中多次使用"小子"的稱謂，這裏的"小子"不太

---

① 酒，跟女人一樣，在古今中外，經常要承擔一些莫名其妙的罵名。當人們說女人是禍水的時候，往往忽略了女人，特别是作爲母性，可以輔助、扶持男人成就事業、創造人生輝煌的一面。而當人們埋怨喝酒誤事的時候，也常常忘記酒能養生、助興、酒壯英雄膽的意想不到的功效。

② 顧頡剛、劉起釪：《尚書校釋譯論・酒誥》(第3册)，第1388頁。

像是周公對其弟康叔的昵稱，而可能指作爲文王後裔、擔任不同職務的年輕子孫，仍屬於王族大家庭的成員，而不應該是一般平民人家的寒微子弟。

有，語詞。有正、有事，章太炎："正，政務官。事，事務官也。"[①] 臧克和説："正、事對舉，則正爲官長，事指一般官吏。"《周禮·秋官·萍氏》"謹酒"鄭注引作"有政有事"。賈公彦疏曰："有政之大臣，有事之效臣。"段玉裁云"古政、正通用"。所以，有正：有政，即執政大臣。有事：掌管具體事務的小臣。這兩種斷句："小子有正、有事"，説明"有正、有事"都是王族子孫；而"小子、有正、有事"，則意味著擔任"正"、"事"的人很可能不是王公貴戚家族出身。

無，毋，勿，不要。彝，《爾雅·釋詁》："常也。"《韓非子·説林上》："桀以醉亡天下，而《康誥》曰'毋彝酒'者；彝酒，常酒也。常酒者，天子失天下，匹夫失其身。"[②] 法家重耕戰，效率優先，所以對酒的戒備是非常嚴厲的。在先秦古本《尚書》中，《酒誥》是《康誥》的中篇，前有《康誥》，後有《梓材》，三篇合稱《康誥》。孫詒讓在《尚書駢枝》中指出，

① 諸祖耿整理：《太炎先生尚書説·酒誥》，第 132 頁。

② 《韓非子校注·説林上》，南京：江蘇人民出版社，1982 年，第 241 頁。

夏桀丟掉江山的一個重要原因就是沉溺於酒，他爲後世提供了一個喝酒誤國的最早的反面典型，當初禹帝在斷然“絶旨酒”的時候，似乎已經預見到了其王族後代必定會出這樣的不肖子孫。及至戰國時代，人們對“無彝酒”的理解則是，經常喝酒的人，如果是天子早晚要丟失天下，如果是平民百姓則早晚要喪命。

臧克和說，彝酒者，常酒也。然則“酒”字用作動詞，意謂飲酒。彝酒，即時常喝酒，但並非今人所謂小酌怡情、還可以通經活血那種，而是動不動就酩酊大醉，不省人事，耽擱政務。周公爲什麼不讓公卿王孫經常飲酒呢？這裏面既有經濟成本的原因，也有政治統御的原因，更有信仰信念方面的原因。周代的時候，農業尚未取得長足的發展，造酒技術仍没有獲得很大的提高和普及，動輒要浪費很多糧食也造不出多少酒，於是，酒仍然是國家生活和民衆生活中的一種奢侈品，即便是王公貴族階層，經常飲用都是不可能的，更不消說生活在底層的普通百姓了。

酒因爲少，纔體現出它的珍貴。所以在周代，爲了便於管酒，中央政府裏還特地設置了一個官階。酒的重要性也體現在周代的官制結構中。周代甚至設有“酒正”的官職，“掌酒之政令，以式法授酒材”，亦即直接管理國中涉及酒的所有事務，包括制定和頒布有關酒的一切王制命令，按照一定的規則、標準分配給屬下酒坊生產原材料和輔料。賈公彥疏曰："酒正辨四物，則漿之政令亦掌之。"酒正的"式法"，指"造酒法式，謂米麯多少及善惡也"。而"酒材"，即"米麯蘖"，被酒正"授予酒人，使酒人造酒"。[①]《周禮·天官》曰："酒正：中士四人，下士八人；府二人，史八人，胥八人，徒八十人。"還有具體從事造酒的專業人才——酒人、漿人。"酒人：奄十人，女酒三十人，奚三百人。漿人：奄五人，女漿十有五人，奚百有五十人"。[②] 由官方出面組織層級分明的造酒隊伍，分配各種物資力量，壟斷酒的產銷和經營，負責酒的行業管理，足見當時酒的數量之珍貴和地位之重要。

然而，酒的數量多少是一個問題，對人們喝酒行爲的有意識控制則顯然又是另外一個問題。清儒孫承澤《尚書集解·酒誥》曰："小子，卿大夫之少者也。文王以其血氣未定、尤易縱酒喪德，故專誥教之，以爲：爾各有官守、有職業，不可常

---

① （漢）鄭玄，（唐）賈公彥：《周禮注疏·天官·酒正》（上），《十三經注疏》（標點本），北京大學出版社，1999年，第118頁。

② 陳戍國點校：《周禮·天官·大宰》，長沙：嶽麓書社，1989年，第2頁。酒正是酒官之長，酒人、漿人則是酒正的下屬，助手或副官，是酒坊生產管理者。具體幹活的則是"奄"，即閹割過的男奴；"奚"，即女奴，他們始終勞作在酒的生產第一線。

于酒；及庶國之小子，飲皆惟祀。而後可雖祀而飲，然亦必以德將之，無至于醉也。”① 鑒於殷商紂王君臣喝酒誤事，消磨意志，怠慢戰機，已經給統治集團帶來亡政、失國、滅族災難性後果的慘痛教訓，周室朝野應當有意識地對酒加以控制，應該變被動、强迫爲主動、自覺。體制内的大夫士子不可經常喝酒，各個封國的官吏喝酒則必須在祭祀活動之後，而且必須學會以德自制，知止而守，毋使放任性情，絶不能喝到爛醉如泥的地步。儒家就是要把喝酒這麼一個簡單的生活行爲上升爲充滿個體精神自覺的實踐活動，賦予其必要的道德屬性和倫常價值。

所以，對爲政者進行適當的限制和約束，禁止他們經常喝酒，甚至要求滴酒不沾，以便讓官吏隊伍保持最清醒的精神狀態、進入最理想的工作狀態。因爲周初的人們普遍相信，喝酒可以溝通神明，所以，“祀兹酒”，或“祀則酒”，祭祀上蒼天神，纔是酒的唯一正確的用途。而在祭祀的過程中，喝酒也是儀式性、象徵性的，總不可能讓主祭官自己旁若無人地敞開喝，無限制地喝。信念的作用使他們不敢在上蒼天神面前貪杯嗜飲。更

① （清）孫承澤：《尚書集解·酒誥》，見《四庫全書存目叢書》（經部56），濟南：齊魯書社，1997年，第162頁上。

何況，祭祀也不可能天天有，所以，酒也不可能天天喝。

商周王朝交替之際，在飽受諸多大規模的戰爭之後，周人的社會生產尚未恢復正常，糧食供應依然緊張，所以造酒的原材料來源不可能充足。相比于强大的殷商王朝，糧食生產與供應源源不斷，酒的產量也在不斷增長，所以紂王及其王公大臣、衆卿百官喝酒便不成問題，甚或還不甚愛惜。但周人現在一時間卻還造不出批量的酒來，所以即便想經常喝酒，也肯定是不可能的事情。在“彝酒”的外在條件尚不具備的情況下，執行周公所提出的戒酒、禁酒、止酒之類的命令要求，似乎還比較容易。如果酒多了，卻還能夠堅持戒酒、禁酒、止酒，那纔叫作德性自覺，那纔叫作經得住考驗。

然而，“無彝酒”一句無論是在周公誥命中，還是在後世之人的理解中，則又都並非不喝酒，或自絶於酒，而只是喝的頻次、數量有所節制罷了。任何一朝的統治者都不至於傻到廢棄酒、杜絶酒的地步。明人冉觀祖《尚書詳說》引林氏曰：“無常者，非不飲也。蓋不可非所當飲而飲之，故于庶國之飲者，惟因賜祀胙而已。”有酒不喝也是犯傻，酒畢竟是天地精華，既然造出來了，就不應該浪費，還得要喝掉，纔算物有所值，充分利用。供奉過天帝，在完成神聖的祭祀之禮後，當飲則飲不爲錯，該喝多少就多少也不爲過。冉觀祖曰：“有職役者，無彝酒，是戒之之辭。言有官守而常於酒，則瘝厥官；有職業而常於酒，則廢厥職。故必思降命之由畏喪德之禍，而無常於酒，可也。"① 體制内的人，有官有職在身，如果經常喝酒則很容易耽誤正事，作爲後果，則終將由天帝出面降下大命而予以必要的懲處。

懂得克制：飲惟祀，以德自將，德將無醉

對酒進行必要的宗教規定和德性滲透是通篇《酒誥》的一大特點。酒不宜常喝，對政事、對身體都不好，但遇到必須喝的情況，就要懂得克制，學會用相應的道德律令去約束自己。周公强調：

> 越庶國，飲惟祀，德將無醉。②

越，孔安國、張道勤均解作：於，意思是在……而顧頡剛、

---

① （明）冉覲祖：《尚書詳説·酒誥》，見《四庫全書存目叢書》（經部58），第460頁下。

② 牟庭《同文尚書》解"德"爲"得"，並斷句爲："庶或飲，惟祀得，將無醉。"俞樾《羣經平議》釋"祀"爲"巳"，通"從"，讀作："越庶國飲，惟以德將無醉。"孫詒讓《尚書駢枝》則更別出心裁，釋"德"爲"升"，解"將"爲"送"。顧頡剛批評説"改字以求釋，皆不足據"，從之。

劉起釪、于省吾、臧克和則訓爲：金文的雩，或古文粤，意指與，及，和，跟，於下文義不通，故不從。庶國，指王族子孫受封的諸多邦國。飲，飲酒。惟，張道勤《直解》：只，只准在。幾無爭議。

德，張道勤解作：（以）德，意即用德，依靠德，借助於德。將，《廣雅·釋言》訓爲："扶"，本義是扶助，扶持，後也引申爲控制。《詩經·周南·樛木》："福履將之"，鄭玄《毛詩箋》："將，猶扶助也。"[①] 無，同毋。皮錫瑞稱："今文一作'德將毋醉'。"[②]

孔安國《傳》曰：周公要求王公子孫"于所治衆國，飲酒惟當因祭祀，以德自將，無令至醉"。[③] 周公訓導的對象依然沒有變，繼續重申"飲惟祀"，而與文王"祀則酒"的立場高度一致。把酒當酒，嚴肅對待，明確擺正其用途，天神事、宗廟事、祖先事，當用則用，以示敬誠，不可減省，不能克扣。但如果把酒當作一種就菜下飯的佐品、一種隨時隨地都可以放開喝的飲料，那就成問題了。

---

① 轉引自雒江生編著：《詩經通詁·國風·周南·樛木》，第 11 頁。

② （清）皮錫瑞：《今古文尚書考證·酒誥》，北京：中華書局，1989 年，第 323 頁。

③ （漢）孔安國，（唐）孔穎達：《尚書正義·酒誥》，《十三經注疏》（標點本），北京大學出版社，1999 年，第 375 頁。

酒可以考驗人性。《說文解字·酉部·酒》："酒，就也。所以就人性之善惡。從水，從酉。酉亦聲。一曰造也，吉、凶所造也。"[1] 酒本一物，人喝了酒，則因隨各人之品性而暴露出其原形本質，呈現出其念想、態度、語言、行爲之善惡特徵。面對酒的誘惑，人們如何纔能把持得住自己、控制得住自己，借助於什麼力量、通過什麼樣的方法路徑呢？答案是個人的德性修養，顯然它是一種内在的、自覺的力量，而不是一種外在的、逼迫性的强制，它需要主體自身的意志力參與和把控。於是，至少在文王、周公那裏，德性便成爲有效遏制人們放縱口腹、貪婪杯中、酒後耍瘋的一個道義之劍，它可以非常利索地斬斷人欲的泛濫與猖獗。酒之於人，只可利用而不可聽任，但德性，則可以信賴，值得依靠。不是樂以忘憂，拋棄塵事，不是酒後成仙，啥都不管，而是唯有"以德自將"，始終把酒與個體自我的品行修養捆綁在一起、勾連在一起，賦予喝酒以種種道德學内涵和複雜的禮教規定，這樣的酒喝起來纔有意義，有趣味。儒家以慎酒，亦即對酒保持一顆戒備心、警惕心，而成就出人之道，試圖借酒立德，通過酒精的檢驗而確證一下自

---

① 參見（清）桂馥：《說文解字義證·酉部·酒》，濟南：齊魯書社，1987年，第1302頁。

己的德性品格。而這恰恰就是儒家的酒與道家的酒之大不同。

無醉，不僅可以是對喝酒人的一種要求，而且還可以是喝酒人的一種境界。在喝酒娛樂的過程中，一邊接受著身體麻醉，一邊還能夠發揮意志力的決斷作用，適度控制自己的口腹之欲，進退有度，多少有節，既盡到禮數，又不至於喝醉，這簡直就是一門人際交往的藝術，也是一門把玩酒杯的高超技法。没有酒量的人是難以成全飯桌禮儀的；自己把自己喝醉的人，是經不起酒精考驗的。前者容易得罪人，因爲他（她）没有按照人情常理出牌，不能用酒表達自己對别人的感情；後者則容易被人看不起，一個連自己喝酒都控制不住的人，值不值得信任，别人還得考慮一番。

漢儒伏勝撰《尚書大傳》曰："天子有事，諸侯皆侍，尊卑之義。宗室有事，族人皆侍，終日，大宗已侍於賓奠，然後燕私。燕私者，何也？已而與族人飲也。"又，"飲而醉者，宗室之意也。德將無醉，族人之志也。"① 飲酒活動，經過伏勝這麼一解釋，不僅具有了上下尊卑的倫理意義，而且，也在醉與不醉的分寸把握上區别出"宗室之意"與"族人之志"的不同。漢人對待酒，已經不像周人那麼嚴格戒備、高度緊張到神

① 轉引自孫星衍《尚書今古文注·酒誥》，北京：中華書局，1986年，第373頁。

經過敏的程度了。有事没事，官、民皆可以喝，只是公開場合只能小喝，而背後則可以大喝罷了。飲而醉，是主家好客的表現，客人輕易不可酩酊大醉。否則，“德將無醉”就會淪爲喝酒人的一個主觀動機和一句空洞的道德要求。

德性修養的有無及其程度的大小高低，在酒中、酒後的表現往往是不一樣的。在這個世間，聖人、賢人比較有道德素質，他們喝酒的時候總能夠有效控制住自己，不會亂性，更不會胡來。但一般的平民百姓因爲没有什麼德性修養或程度不夠，所以經常把持不住自己，説不喝又喝了，而且一喝就多，一多就醉，旁人攔都攔不住，壞了多少好事，毁了自己多少遍形象。“以德自將”，就是以德自持，借助於德性修養而有效遏制無限喝酒的衝動，防止酒後滋生邪念與非爲，匡正自己的言行舉止，提高自己的酒品酒風。酒量有大小，高手之外還有高手，誰的酒量都不可能天下無敵，因而，拼酒是没有前途的，唯有德性修養能夠保證自己在酒場上永遠立於不敗之地。至於普通人喝酒，不妨事先乘自己清醒的時候予以必要的總量控制，酒在壺中，不許突破。總量確定之後，無論喝酒中途發生什麼情況，也無論進行到什麼程度，更不管什麼人勸説，都不可再開新瓶了。德性高低，原來在杯中也是可以見得分曉的。儒家仁道的工夫修持可以遍流於世間之物事，於酒於飲，也可以見得一斑。

强調德性修養對喝酒的控制是必須的，但如果把德性修養在喝酒過程中所發揮的作用吹過了頭，效果則會適得其反，没有人信。王充在《論衡·語增》中，曾駁斥過“文王飲酒千鐘，孔子百觚”的傳言，這話原本是想表明“聖人德盛，能以德將酒”，可惜卻成了對兩位聖人的一種“高級黑”。文王、孔子如果真的可以“一坐千鐘、百觚”，那麼，他們也就一定是“酒徒，而非聖人”了，算個酒囊飯袋還差不多。王充認爲，“飲酒有法，胸腹小大，與人均等”，人要喝下千鐘、百觚的酒，下酒菜分别也得一百頭牛、十隻羊，那麼，照此推算下來，文王的高度起碼也趕得上“防風之君”的三丈三了，[①] 孔

① “防風之君”，即防風氏，或汪芒氏，蓋爲汪姓始祖。上古堯舜禹時代的神話傳説人物，防風國（今浙江德清）創始人，是巨人族，身高三丈三尺。因爲生活在一片汪洋的沼澤地裏，其後代則姓汪。《史記·孔子世家》載，“吴伐越，墮會稽，得骨節專車。”吴使使問仲尼：“骨何者最大?”仲尼曰：“禹致羣神於會稽山，防風氏後至，禹殺而戮之，其節專車，此爲大矣。”吴客曰：“誰爲神?”仲尼曰：“山川之神足以綱紀天下，其守爲神，社稷爲公侯，皆屬於王者。”客曰：“防風何守?”仲尼曰：“汪罔氏之君，守封、禺之山，爲釐姓。在虞、夏、商爲汪罔，于周爲長翟，今謂之大人。”客曰：“人長幾何?”仲尼曰：“僬僥氏三尺，短之至也。長者不過十之，數字極也。”於是吴客曰：“善哉聖人!”《國語·魯語下·仲尼論大骨》中，孔子曰：“昔禹致羣神於會稽之山，防風氏後至，禹殺而戮之，其骨節專車。”大禹殺防風氏的藉口是開會遲到，其實是嫉妒這位頂天立地、威信很高的治水英雄。不久又予以平反昭雪，並親自拜祭。《述異記·卷上》：“越俗，祭防風神，奏防風古樂，截竹長之三尺，吹之如嗥，三人披髮而舞。”吴越地區至今依然把防風氏當作神祖來祭祀。

子起碼也有“長狄之人”高大威猛的軀體了，但可惜他們兩位還都不是。“世聞‘德將無醉’之言，見聖人有多德之效，則虛增文王以爲千鐘，空益孔子以百觚矣”。[1] 面對儒家的道德宣教，王充還是十分冷靜而理性的，他善於用嚴密的邏輯思維去做認真的分析、推理和論證。王充是儒家隊伍裏的清醒者。

酒，既然是上蒼賜予人類的一份禮物，就無法禁絶、不可能徹底不喝了。班固《漢書・食貨志》中，王莽新朝之羲和（大司農）魯匡進奏曰：

> 酒者，天之美祿，帝王所以頤養天下，享祀祈福，扶衰養疾。百禮之會，非酒不行。故《詩》曰“無酒酤我”，[2] 而《論語》曰“酤酒不食”，[3] 二者非相反也。夫《詩》據承平之世，酒酤在官，和旨便人，可以相禦也。《論語》孔子當周衰亂，酒酤在民，薄惡不誠，是以疑而弗食。今絶天下之酒，則無以行禮相養；放而亡限，則費

---

① （漢）王充：《論衡・語增》，見《百子全書》（第 4 册），第 3286 頁。

② 見《詩經・小雅・伐木》。顏師古曰：“言王于族人恩厚，要在燕飲，無酒則買而飲之。”參閱（清）王先謙：《漢書補注・食貨志下》，北京：中華書局，1983 年，第 528 頁上。

③ 見《論語・鄉黨》，參閱錢穆：《論語新解・鄉黨》，北京：生活・讀書・新知三聯書店，第 259 頁。

財傷民。[1]

漢人也以爲，酒是上蒼賜福於人類的，它可以用來滋潤我們的生命，緩解人類生存於世間的壓力，可以用於祭祀神祖、祈求福祉的儀式上，也可以用來扶持人類身上的陽氣，醫療疾病與創傷。朝廷和民間的許多典禮都離不開酒的供奉和敬祝。周初時代天下太平，酒的製造與銷售皆爲官方所壟斷，品質可靠，味道醇美，人們大多能夠控制得住自己，而不至於發生酒亂。但到了孔子所在的春秋時期，市面上買回來的酒，純屬民間釀造，往往都是只發酵了一宿的酒，顯得稀薄、難聞，也根本算不上酒，所以便不可飲用。及至漢初，皇上如果想要禁止天下人喝酒，那麼人們又將按照什麼禮儀規範繼續生活下去呢？而如果聽任酒的消費與使用，不對它做任何限制和約束，那麼必然要耗費天下許多糧食，挫傷國家許多民力。看來，漢代皇帝對於酒，其實也陷入了那種一禁就死、一放就亂的尷尬處境。至於如何加以克服，在儒家看來，則需要掌握一個合理的度，其途徑無非有二，一是調動起自身的德性，發揮個體的

---

① 陳煥良、曾憲禮標點：《漢書・食貨志下》，長沙：嶽麓書社，1994年，第533頁。

意志力，嚴格控制飲酒的次數和數量；二是借助於禮制規範而限定酒的日常使用範圍與數量，在禁酒與享樂之間保持一個有效的張力，拿捏出一個説得過去的分寸。酒有酒道，酒有酒德。取材有講究，釀造有技藝，溫控有要求，時間有久暫，流程有標準，是謂“酒之中道”。而在酒的消費與使用過程中，喝與不喝、喝多喝少全由自己決定，能喝卻不醉，有飲而適度，羣飲而不亂，是謂“酒之中德”。

酒比油貴，不能浪費：惟土物愛

周公説：“惟曰我民迪小子惟土物愛，厥心臧。”這裏，各家斷句皆有不同。北大版《尚書正義》、曾運乾《正讀》：“惟曰我民迪小子，惟土物愛。”孫星衍《注疏》、張道勤《直解》：“惟曰我民迪，小子惟土物愛。”顧頡剛、劉起釪《校釋》則把“惟曰我民迪”歸入上句，緊隨“飲惟祀，德將無醉”之後，分號隔開，看作是文王教導的内容；而“小子，惟土物愛”則爲周公所訓。臧克和則不斷句：“惟曰我民迪小子惟土物愛。”曾運乾説：“我民迪小子”，語倒，猶云“小子迪我民”也，[1] 或爲一解。

---

① 曾運乾：《尚書正讀・酒誥》，上海：華東師範大學出版社，2011 年，第 183 頁。

大概是因爲孔安國《傳》曰:“文王化我民,教道子孫,惟土地所生之物皆愛惜之,則其心善”,[①] 後世諸多傳本“民”上皆有“化”字。段玉裁說:“此依《孔傳》增值也,此等皆不可據。”惟,發語詞,無實意。曰,顧頡剛、劉起釪訓:通“越”,意指及、與,似乎不通;不如采黃懷信訓:猶“告”,意即告誡、訓令。民,一般皆作民人、百姓,唯有臧克和說:“或讀爲敃,勉也”,無據,故不從。迪,《爾雅·釋詁》:道也,指開導、指導,但孫星衍據《方言》訓作“正也”。

小子,舊注疏一般都連讀“我民迪小子”,只有孫星衍稱“小子”爲康叔,而將其與下句連讀:小子惟土物愛。王念孫則把“小子”二字單獨爲句,似乎周公在追述文王訓導時,還特意叫喚一聲康叔,以示警醒、强調。惟,張道勤作:思,注意。但臧克和卻稱:“‘惟+賓語+謂語’,這種倒置結構在《尚書》文獻中是多見的,在上古典籍中這大概也算一個語言特點。”土物,孫星衍:土所生之物,即田地所產的生食物品,指糧食,也應該包括蔬菜、水果之類,是人類生活不可或缺的重要資源。原始儒家一向不敢輕視土地與糧食的重要性,因爲它們直

① (漢)孔安國傳,(唐)孔穎達正義:《尚書正義·酒誥》,阮刻本《十三經注疏》,上海古籍出版社,1997年,第206頁中。

接關涉與維繫著無數人的生命存在。《周書・洪範》曰："土爰稼穡。"《禮記・禮器》曰："故天不生，地不養，君子不以爲禮，鬼神弗饗也。"[①] 愛，愛惜，珍惜。臧，《爾雅・釋詁》：善也，意即善良、美好、親善。曾運乾說："不忘本者其心善。"[②] 善有各種概念含義和内容規定，但"不忘本"是最重要的一條。懂得感恩的人，最接近善德。

周公在這裏所進一步教導和規勸的依然是，"非祀無敢遊飲，惟欲正我民"，不祭祀，不喝酒，這是周王禁酒的一項基本政策，舉國上下都要遵照執行，没有例外。孔安國曰："民愛惜土物而不損耗，則不嗜酒，故心善。"[③] 孫星衍曰："愛惜土地所生之物，以善其心"，[④] 在土物—糧食—釀酒之間，隱藏著一根上下游的產業鏈條，而在占用生存資源—損耗糧食—喝酒浪費之間，也隱藏著一根必然的邏輯鏈條，更有甚者，在糧食短缺—社會動蕩—政權覆亡之間，也隱藏著一根非常敏感的危機傳遞神經。可是，嗜酒、酗酒的人們很容易被酒精非理性

---

① 陳戍國點校：《禮記・禮器》，長沙：嶽麓書社，1989 年，第 374 頁。

② 曾運乾：《尚書正讀・酒誥》，第 184 頁。

③ （漢）孔安國傳，（唐）孔穎達正義：《尚書正義・酒誥》，《十三經注疏》（標點本），北京大學出版社，1999 年，第 376 頁。

④ （清）孫星衍：《尚書今古文注・酒誥》，北京：中華書局，1986 年，第 376 頁。

所麻醉和遮蔽，而看不到它們之間的意義關聯。

章太炎說：“惟土物愛厥心臧者，蓋古人能爲酒者寡，《論語》稱‘沽酒市脯’，孔子時有酒肆，文王時恐尚未有也。”[①]物以稀爲貴，酒在上古屬於難得之物，市井鄉民不得飲之，即便身爲王族、貴族，用之也得無比珍惜。周公嘮叨不停地訓誥，其目的就是要讓包括康叔在內的年輕周王以及諸侯治下的所有臣民都能夠一心歸正，不要因爲喝酒而鬧出亂子來，危害新興的周室政權，擾亂剛剛形成的統治秩序。按照孔安國《正義》，周公是嚴厲戒酒的，“以愛物，則不爲酒而損耗故也”，表面上看的因爲糧食緊張纔杜絶喝酒，實質上念念不忘的是政權牢固和社會穩定。民以食養，人無糧則不能活，所以，愛惜糧食就是愛惜天下黎明百姓的人命。“愛物以戒酒也”，如果舉國上下都能夠愛惜糧食，那就都好好斷酒、戒酒吧。在人類剛剛走出蠻荒的上古時代，只要把一杯酒折算成一條條鮮活的人命，上升到天下糧食安全的高度，戒酒的重要性纔能夠被大家所認識、理解和接受。

教化天下，不妨從喝酒這樣的小事著手，杜絶浪費，反對揮霍，以使人心善良、敦厚，而不至於滋生邪念，爲非作歹。

① 諸祖耿整理：《太炎先生尚書說·酒誥》，第132頁。

孫星衍曰：“酒以糜穀，當愛惜也。”酒是糧食精，一粒糧食都來之不易，何況是千顆糧食纔能釀造出一滴酒來呢！物之於人，雖然是可供利用的資源對象，但浪費物、揮霍物則既是對物的不尊重，也是對物的粗暴踐踏。人愛物，不同於人愛人。人對物的愛是平均的，都是人類生活所必須利用的資源對象。《周書·武成》篇中，武王就批評過：“今商王受無道，暴殄天物，害虐烝民，爲天下逋逃主，萃淵藪。”① 粗暴地對待自然對象，非仁人、聖賢、君子之所爲。人愛物，不僅出於自身存活的資源需要，即把物看作是開發、征服的對象存在，而且也出於對萬物有靈、萬物都有良知的敬畏以及人與萬物一體、人與環境共生的天道信仰；但人對人的愛則有差等，愛親人與愛朋友、與愛陌生人肯定是不一樣的。

許多人都以爲，喝酒是小事，是小節，不能以此判斷一個人的道德品格，因而也不值得小題大做。實際上，“大抵縱酒者，多不事稼穡。勤稼心臧者，必不暇縱酒。聽貴聰，不聰則誨諄諄，聽藐藐矣。當時飲酒者，必以爲小德，無害於事，但於大德用力足矣。殊不知，以酒爲小德，正病之根源也。以爲

---

① 參見黄懷信：《尚書注訓·武成》，濟南：齊魯書社，2002年，第215頁。

小而不戒，必至縱而不已。故欲其合而爲一，不分彼爲大德、此爲小德，當以一體觀之也”。[①] 小節不注意，大德無從積。光想著做大事的人，其心一定是很勢利的，其實往往連一件最簡單的小事都做不來。任何大事都是由無數細節所構成的。小洞不補，大洞吃苦，啥小事都不講究的人，怎麼可能辦成所謂的大事呢？儒家的德性工夫從來都是從細節、小處著手的。只有別放過小節，纔能有很好的德性養成。冉覲祖曰：“忽小不戒，必縱而喪德、喪邦。”所以，喝酒的事說小也小，但說大也大，如果不重視它，就很容易被它拉低德性的要求，而導致損壞大德的積澱和培養。酒德，誠乃君子不可小覷之德矣！

---

① （明）冉覲祖：《尚書詳說·酒誥》，引吕氏曰，見《四庫全書存目叢書》（經部 58），第 462 頁上。

卷四　慎酒立教，作稽中德

——酒的德性規定與禮法制約（二）

用心戒酒：越小大德，純一不二

周公說：“聰聽祖考之彝訓，越小大德，小子惟一。”聰，明，聽覺靈敏。《詩經·王風·兔爰》：“尚寐無聰”，《毛傳》解：“聰，聞也。”《荀子·勸學》：“耳不能兩聽而聰。”《管子·宙合》：“聞審謂之聰。”聰聽，即明聽，認真聽取，臧克和：“很用心地仔細地聽。”祖，祖父。考，父親。祖考：泛指前輩、先人。訓，教誨。彝，常，或經常，或經綸常理。彝訓，即常訓，張道勤解：“合于常理的”教誨。

越，一般都解爲與、及，連詞。但《爾雅·釋詁》曰：“越，揚也”，故也可作：發揚。小大，經常被理解爲德性高低，曾運乾：“造就有淺深也”，而非指年歲長幼。小大德，即“同宗中之老成人也”，[1] 不僅要上了年歲，而且還得具備德性經

---

① 曾運乾：《尚書正讀·酒誥》，上海：華東師範大學出版社，2011 年，第 184 頁。

驗。顧頡剛、劉起釪說："很多注疏家都據《論語·子張》'大德不逾閑，小德出入可也'爲釋，以爲不要以嗜酒爲小德，當和大德一樣重視"，並引吴闓生《點定尚書》："小德，諸侯；大德，天子。言天子、諸侯之子弟戒酒與庶民同"，楊樹達《尚書説》："德當讀爲職，小大德，小大職也，小子蓋謂屬吏……言不問小職大職及其屬官，皆當一律聽祖考之訓。"[1] 其意顯然，無論對大人、小人，從天子、諸侯、卿士，到庶民百姓、村夫村婦，無論職位、地位是高是低，都得"聰聽祖考及同宗大小德之遺訓也"。[2] 更何況，每個人喝酒及其酒風、酒品，都是自我德性修養的一個表徵，君子潔身自好，當審慎處之，而不輕忽對待。

惟，孫星衍解爲"思"，謂之"思其純一"，張道勤亦作：思、要考慮。但顧頡剛、劉起釪卻稱：語詞，無義。一，張道勤作：純一不二。[3] 但臧克和卻說"一，用作動詞，語義爲同等看待"。[4] 結合上下文，"惟一"有兩解，或者，康叔你要認

---

① 顧頡剛、劉起釪：《尚書校釋譯論·酒誥》，第3册，北京：中華書局，2005年，第1391頁。

② 曾運乾：《尚書正讀·酒誥》，第184頁。

③ 張道勤：《書經直解·酒誥》，杭州：浙江文藝出版社，1997年，第114頁。

④ 臧克和：《尚書文字校詁·酒誥》，上海教育出版社，1999年，第334頁。

真反思一下，或者，對於小德、大德、小子，都統一要求，尤其小子“當一戒於酒也”，[①] 非祭祀一律不准喝酒，不准無故損耗百姓賴以生存的口糧。

這句話的意旨，孔安國以爲，“不但民之小子爲然，其於小、大德之士大夫等，亦皆能念行文王之德以教其子孫，故子孫亦聰聽之。小子惟皆專一而戒其酒，其民及在位，不問貴賤，子孫皆化，則至成長爲德可知也”。[②] 顯然，文王、周公的戒酒之教，不只針對康叔，也不只針對王室子孫，天下所有士子、卿大夫、諸邦庶民，都在其列，因而毋寧是要達到“内外雙舉”的最大效果的。大小官員各層各級都要用心專誠，竭力斷酒、戒酒，而不能三心二意、應付了事。張道勤則說：“年輕人不可視飲酒爲小節而予以忽視，大德小德，均須同樣看待。”

清儒楊方達《尚書約旨》曰：“此誥民之小子也”，說明這段話的告誡對象是衛國的普通民衆。因爲“國之子弟，文王得以誥教之；至於凡民子弟，則又使其民各導迪之”。[③] 按照楊方

---

① 曾運乾：《尚書正讀・酒誥》，第 184 頁。

② （漢）孔安國，（唐）孔穎達：《尚書正義・酒誥》，《十三經注疏》（標點本），北京大學出版社，1999 年，第 375 頁。

③ （清）楊方達：《尚書約旨》，《四庫全書存目叢書》（經部 59），中國科學院圖書館藏清乾隆刻本，濟南：齊魯書社，1997 年，第 552 頁上。

達的理解，“國之子弟”可以由文王直接教導，而“凡民子弟”則由康叔先教導民衆，然後再讓民衆回去教導自家的子弟。“國之子弟”是周室後裔，文王可以直接施教。孫承澤《尚書集解》曰：“既告其有位者，又告其民，以爲我民訓導其子孫惟土物是愛”，周公訓誥的對象是兩重的，既有周室權貴之後裔，又有衛國之普通民衆。“爲子孫者，亦當聰聽其祖父之常訓，不可以謹酒爲小德”。訓誥的重點則在於誰都不能把戒酒、禁酒、止酒不當一回事，不能以之爲小節而掉以輕心。實際上，在周初王室政權還不穩定的情況下，喝酒就是值得警惕的大事，“小德、大德，小子惟一視之，可以也。”[①] 只有把小事當作大事來對待，一視同仁，纔能夠收到良好的治理效果。

孝養父母：自洗腆，致用酒

儒家倫理爲什麼能夠歷經數千年風雨而不催？就因爲它的教條理念常常植根於血親情感之中，只要人種不滅，只要代際傳承還在繼續，它就牢靠不破。這是原始儒家倫理建構的高妙之處。《酒誥》篇中，周公如果空泛勸導斷酒，嚴厲斥責戒酒，

① （清）孫承澤：《尚書集解》，見《四庫全書存目叢書》（經部 56），濟南：齊魯書社，1997 年，第 162 頁下。

即便抬出文王之權威，可能也無濟於事，於是，他便把酒德與孝道密切捆綁在一起，事易見易行，道方可入心入腦。周公說："妹土，嗣爾股肱，純其藝黍稷，奔走事厥考厥長。肇牽車牛，遠服賈，用孝養厥父母；厥父母慶，自洗腆，致用酒。"

妹，沬水流域，衛國所在地。嗣，孔安國《傳》作：繼。金履祥《書經注》解爲"嗣爾，猶言繼此以後也"。曾運乾作："繼自今也。"但孫星衍則注爲：此。張道勤作：此後（是）。結合上下文，可一作使用，一作此後。

爾，你，指康叔。但曾運乾說："爾妹邦之民也。"股，大腿。肱，手臂。《太玄·玄數》："三爲股肱"，范望注："膝上爲股，肘後爲肱。"股肱，曾運乾："股肱之力也"，"言恃股肱之力以爲食者。"張道勤解作：行動的依靠力量。顧頡剛、劉起釪："古人成語，對元首而言，以手足喻輔佐力量。"《左傳·昭公九年》："君子卿佐，是謂股肱。"此句意即妹土臣民可以成爲你康叔治理邦國的輔助力量。

純，孔安國作：純一，孫星衍、曾運乾作：專，張道勤作：專一，意即專心致志。陳寅恪、劉起釪："大抵'純'在此處是督勉羣衆努力種植農作物之辭。"藝，埶，即埶，《說文》：埶，種也。種植。《夏書·禹貢·徐州》："蒙羽其藝。"臧克和說："從甲骨文、金文字形看，初文實在就是埶字。"而埶，

《說文》:"種也。"黍，黍子，一種穀物。稷，小米。黍稷，古人常連稱，泛指糧食作物。

走，跑。奔走，喻指勤勉。事：服務於，可訓作養。《孟子·離婁上》:"事親爲大"，趙岐注："事親，養親也。"[①] 長，官長，或兄長。

肇，《爾雅·釋詁》:"肇，敏也。"臧克和：敏，勉也。可引申爲勉勵、勤勉、趕緊。牽車牛，張道勤說：即牽牛趕車。臧克和：其句法結構爲"兼言"，猶《易傳·繫辭上》:"潤之以風雨。""肇牽車牛"，章太炎："謂疾牽牛車。"[②] 遠，到遠處，出遠門。服，《爾雅·釋詁》，事也。意即從事、進行。賈，買或賣，做買賣。《周禮·地官·司市》:"以商賈阜貨而行布"，鄭玄注："通物曰商，居賣物爲賈。"《韓非子·五蠹》:"長袖善舞，多錢善賈。"張道勤作：貨賣。唯獨曾運乾說："賈，固也。固有其物，以待民來，以求利也。"[③] 用，即用以，以此。養，張道勤作"奉養"、"贍養"。

慶，有兩義：善，《詩經·黃矣》傳："慶，善"；賞，《禮

---

① 影印嘉慶二十年重刊宋本《孟子注疏》，見《十三經注疏》(8)，臺北：藝文印書館，2013年，第135頁。

② 諸祖耿整理：《太炎先生尚書說·酒誥》，北京：中華書局，2013年，第133頁。

③ 曾運乾：《尚書正讀·酒誥》，第184頁。

記・月令》："行慶施惠，下及兆民。"但曾運乾作"賀也"。而陳寅恪、劉起釪則指出："宋以後解經者大抵皆用喜慶之義或歡樂（王樵說）之義。"自，臧克和說：詞之"用"也，猶《康誥》"凡民自得罪"之"自"。張道勤作"親自"，似不通，而應作自行、自動、主動。洗腆，孔安國之後，歷代解經者大抵都釋爲"潔厚"。清代江聲開始釋洗爲灑，《說文・水部》："灑，滌也"，意即洗潔（器皿）。腆，鄭玄《儀禮・士昏禮》注："善也。"孫星衍據《說文・肉部》作："腆，設膳腆腆，多也。"曾運乾："設善腆多多也"。戴鈞衡《尚書補商》："腆，美也。洗腆者，潔美之謂。"① 張道勤說：設饌豐盛爲腆。致，得以。

孔安國《傳》曰："今往當使妹土之人繼汝股肱之教，爲純一之行，其當勤種黍稷，奔走事其父兄。"孝道文化在中國源遠流長，及至漢代，朝廷甚至竭力推行以孝治天下的政策，這並不是突然冒出的事情，其來有自。臧克和說過："孝道觀念在周初誥書文獻裏已相當突出。"② 周朝的官方就已經開始提

① 轉引自顧頡剛、劉起釪：《尚書校釋譯論・酒誥》（第 3 册），第 1396 頁。但王國維《觀堂學書記》卻稱："洗腆故連綿字，真義不知。"

② 臧克和：《尚書文字校詁・酒誥》，上海教育出版社，1999 年，第 335 頁。

倡孝道並切實加强孝道的德性與制度建構了。《酒誥》中，周公要求康叔必須有意識地引導民衆在勤勞耕作的基礎上，採用奉酒的形式，善事父兄，敬長尊老。

至於如何盡孝，孔安國則說，"農功既畢，始牽車牛，載其所有，求易所無，遠行賈賣，用其所得珍異孝養其父母"。幹完了農活，再去做買賣，有耕有商，兩頭不耽誤。所以，至少在周初時代，我們還看不出後世中國"重農抑商"、歧視商人的任何痕迹。物物貿易，互通有無，彼此交换，農産品的集散市場在上古中國就已經存在了。市場份額占據大比例的經濟總量則要得到宋代之後。不過，儒家在這裏所關注的焦點並不在於市場及市場經濟的規模大小，而只强調通過市場交换而達成孝養父母、敬兄愛長的倫理目的。"所得珍異孝養其父母"是要求人們，用最好的物産去贍養至親，以報答他們極其深厚的養育恩情。

"其父母善子之行，子乃自絜厚，致用酒養也"，[1] 孔穎達《正義》曰：

---

① （漢）孔安國，（唐）孔穎達：《尚書正義・酒誥》，阮刻本《十三經注疏》影印本，上海古籍出版社，1997 年，第 206 頁中。

> 用其所得珍異孝養其父母，父母以子如此，善子之行，子乃自洗潔，謹敬厚致用酒以養。此亦小子土物愛也。[①]

兒子能夠用最好的物產來侍奉父母，父母當然高興，因而會肯定、贊賞兒子的孝行。這個時候，做兒子的再自行下廚做出豐盛的美食，讓父母享用，接下來便可以向父母敬酒了。清儒孫承澤曰：“聖人開飲酒之門，不過三事：父母慶用酒，養老用酒，祭祀用酒。”[②] 酒先是用於祭祀天帝神祖，現在則又開始用於孝敬至親、家長。因爲《酒誥》的記載和周公的詮釋，酒在中國文化史上第一次被鑲嵌到血緣結構中加以確證，因而也是第一次被賦予一種非常重要的倫理屬性與功能。曾運乾說：“父母慶，自潔膳，致用酒可也。”[③] 兒子敬父母的酒，一種情況是酒很珍貴，好酒自己捨不得喝，而是單單讓父母喝；另一種情況則是，家境稍微寬裕一些，自己也可以跟父母一起喝。於是，酒是用來盡孝的，不是隨便想喝就喝的。儒家第一次把

---

① （漢）孔安國傳，（唐）孔穎達正義：《尚書正義·酒誥》，《十三經注疏》（標點本），北京大學出版社，1999年，第376頁。

② （清）孫承澤：《尚書集解·酒誥》，見《四庫全書存目叢書》（經部56），第163頁上。

③ 曾運乾：《尚書正讀·酒誥》，第184頁。

酒與孝道捆綁在一起，賦予喝酒以特定的人倫價值與意義。酒成爲盡孝的一種手段，無孝行則不喝酒。

臧克和不同意前解，曾訓"洗"爲"先"，以爲"洗、先古音同"，並舉證：《漢石經》"洗"作"先"；《易傳・繫辭上》："聖人以此洗心"，意即"洗濯萬物之心"。[①]《春秋左傳・僖公三十三年》："鄭商人弦高將市于周，遇之，以乘韋先十二犒師。"[②] 這裏的"洗"（先），與下句的"致用酒"，在"時間上分先後次第相承貫"，[③] 表示子女孝養至親的次序應當是：先設饌，再敬酒，而不是反過來。酒事重要，酒禮嚴肅，當予以特別謹慎的對待，程式不對，還可開罪，於是不久之後，儒家於酒的一整套禮儀規範也便應運而生。而同時，在周公這裏，酒以孝父母，是對兒子、晚輩的一項基本要求。能不能善事父母、能不能贍養親長，有酒没酒也很重要。貧窮不是藉口，怨

---

① 轉引自（清）李道平：《周易集解纂疏・繫辭上》，北京：中華書局，1994年，第597頁。

② （清）阮元刻《十三經注疏・春秋左傳・僖公三十三年》（嘉慶刊本）（四），北京：中華書局，2009年，第3978頁下。

③ 引文見臧克和：《尚書文字校詁・酒誥》，第335、336頁。孔穎達《正義》曰："既上言文王之教，今指戒康叔之身，實如汝當法文王斷酒之法，故今往當使妹土之人繼爾股肱之教，爲純一之行。其當勤於耕種黍稷，奔馳趨走供事其父與兄。其農功既畢，始牽車牛遠行賈賣，用其所得珍異孝養其父母，父母以子如此，善子之行，子乃自洗潔，謹敬厚致用酒以養。此亦小子土物愛也。"

天尤人也没用，只要勤奮耕作，不辭遠行，找尋珍異，終歸會讓父母開心，並且成全自己的一番孝心。明人楊文彩釋曰："致用酒，因父母之慶而用，非父母慶，則不敢用也，則用酒之時，寡矣。此謂'無彝酒'也。"[①] 這裏的酒之用，已經排除了前文的"祀茲酒"或"飲惟祀"，而只剩下現在的一個"父母之慶"，似乎又大大限制了酒的多種功能。

儒家既然要求人們禁酒、戒酒、止酒，不厭其煩地强調喝酒不好，那又爲什麼提倡用酒來孝敬父母呢，是否意味著喝酒還是很有益處的呢？這便要從酒本身所具有的養生、健身功能中尋找原因了。長沙馬王堆漢墓竹簡《十問》有曰："酒者，五穀之精氣也，其入中散流，其入理也徹而周……故以爲百藥由。"這就意味著，酒是五穀之精氣所化，它在進入人體之後，能夠隨著血液循環而很快周流全身，散熱驅寒，溫潤臟器、肌體。酒也可以入藥，牽引不同藥的藥性，使之充分發揮作用。明代李時珍的《本草綱目》也說，酒性原本"苦、甘、辛、大熱、有毒"，故能"行藥勢，通血脈，潤皮膚，散濕氣，除風下氣"。唐人陳藏器的《本草拾遺》則稱，酒可以"消憂發怒，

① （明）楊文彩：《楊子書繹·酒誥》，見《四庫全書存目叢書》（經部55），江西省圖書館藏光緒二年文起堂重刻影印本，第530頁下。

宣言暢意”，渲洩情緒，適當調節人體生理節律，加速精神運動，活躍生活氛圍。儒家並非絶酒，而是要控制酒，用酒但不任於酒，亦即適當限制酒的使用範圍和數量。李時珍說，“酒……少飲則和血行氣，多飲則殺人頃刻。”酒少喝則佳，多則成毒，在乎人之自控和把握。隋代巢元方的《諸病源候論》也指出：“酒精有毒，有復大熱，飲之過多，故毒熱氣滲溢經絡，浸溢腑臟，而生諸病也。”一醉病三日，臥床如爛泥，啥事都振奮不起精神，吃啥都没有胃口。所以，儒家强調節酒，始終是有道理的。[1]

儘管酒可以壯英雄膽，提升身體内的陽氣，如《黄帝内經・靈樞・論勇》所曰：“酒者，水穀之精，熟穀之液也。其氣慓悍，其入於胃中則胃脹，氣上逆，滿於胸中，肝浮膽横。當是之時，固比于勇士，氣衰則悔，與勇士同類，不知避之，名曰酒悖也”，[2] 然而，“酒性有毒而復大熱，飲之過多，故毒熱氣，滲溢經絡，浸溢腑臟，而生諸病也。或煩毒壯熱而似傷寒，或灑淅惡寒有同溫瘧，或吐利不安，或嘔逆煩悶，隨髒氣

① 參閲亦真：《中醫論酒》，2015－04－01 10：26，見 http：//rufodao.qq.com/a/20150401/026157.htm。

② 參閲（清）張志聰：《黄帝内經集注・靈樞》，杭州：浙江古籍出版社，2002年，第311頁。

虛實而生病焉。病候非一，故云諸病。”酒傷身體，如同中毒，腑髒難安，熱太多也等同於得一場傷寒、溫瘧。所以，張志聰解釋曰：“善養乎氣者，飲食有節，起居有常，則形氣充足矣。暴喜傷陽，暴怒傷陰，和其喜怒，則陰陽不相失矣。”顯然，在如何喝酒的問題上，儒家還是能夠與中醫走到一起的，都非常强調節制有度，愛護並尊重人體自身的承受能力，絶不輕易使之發揮到極限。尤其是人到中年之後，一定要少喝酒、喝好酒，在身體已經不再强壯如牛的情況下，以質不以量，宜少不宜多，絶不逞能好勝，絶不拼酒冒死。

飲食醉飽，慎酒立教，作稽中德

周公繼續勸導說：“庶士、有正、越庶伯、君子，其爾典聽朕教！爾大克羞耇惟君，爾乃飲食醉飽。丕惟曰，爾克永觀省，作稽中德。”

或許，《酒誥》篇的完成不是一次性的，很可能是經過多位史官的多次記錄和整理的動態結果。周公這次訓導的對象可能有所擴大，不只是對康叔一人，按照孔安國《傳》文，可能還涉及了“衆伯君子、長官大夫、統庶士有正者”。庶士，衛國的衆多官員。正，長官，正長，衆官之長。越，及，與，和。伯，邦伯，地方首領，臧克和作“諸侯”。君子，上古文獻對有職位、有德行之人的尊稱。孫星衍："君子者，《釋詁》云：君，大也。子者，馬氏注《論語》云：男子通稱也。"[①] 曾運乾："君子，亦士也。"[②] 其，希望，祈使語氣，但顧頡剛、劉起釪據《釋詁》解作"將"。爾，你們。其爾，顧頡剛、劉起釪以爲是"爾其"的倒語，意思是"你們將要"、"你們要"。典，常，經常。周公要求"衆伯君子、長官大夫、統庶士有正者，其汝常聽我教，勿違犯"。周公的規勸還没有提及禁酒、戒酒，卻已經被孔穎達《正義》理解爲"斷酒之教、勿違犯也"了。[③]

羞，《爾雅·釋詁》：進也。指進獻，奉養。曾運乾：獻也。《周禮·天官·庖人》："共王之膳與其薦羞之物"，鄭玄注："薦，亦進也。備品物曰薦，致滋味乃爲羞。"美食、佳餚，乃爲羞。耇，明人陸鍵："耇是齒德俱尊之人，可以志養，不可以物養，必不失其身而能盡其道，乃可悦而順，故曰'大克羞'。情文兼備，誠敬流通。"[④] 曾運乾：老也。張道勤作"高

---

① （清）孫星衍：《尚書今古文注·酒誥》，北京：中華書局，1986 年，第 377 頁。

② 曾運乾：《尚書正讀·酒誥》，第 185 頁。

③ （漢）孔安國，（唐）孔穎達：《尚書正義·酒誥》，《十三經注疏》（標點本），北京大學出版社，1999 年，第 376 頁。

④ （明）陸鍵：《尚書傳翼·酒誥》，見《四庫全書存目叢書》（經部 53），清華大學圖書館藏明刻本影印本，第 105 頁。

齡老人”。惟，與，《夏書·禹貢》：“羽毛惟木”，即羽毛與樹木。皮錫瑞引陳喬樅曰：“羞耇，即養老之謂。古者，天子、諸侯皆有養老之禮，百官與執事焉。惟老成有德者，始得用酒以養爾。庶士助君養老，乃亦得醉酒而飽德。”[①] 曾運乾說：“羞耇者，與乎養老獻酬之列也。”而“羞君者，《儀禮·燕禮》：‘君燕其臣。凡羞於君者，皆士也。’言爾在位之人，大克與乎饗燕之禮而羞耇與君，至旅酬無算爵時，以醉爲度，爾適可飲食醉飽矣。”[②] 君，國之君。

飲食，孫星衍引鄭注《周禮》曰：“燕饗也。”《周禮·天官·酒正》：“凡饗庶子，饗耆老、孤子，皆共其酒，無酌數。”鄭注曰：“要以醉爲度。”[③] 喝酒有節制，酒過三巡之後，還知道收斂自己，約束自己，毋使放任，而不至於出現酒後失言、失態、當衆嘔吐、耍酒瘋或爛醉如泥的難堪狀況。醉飽，即酒醉飯飽，張道勤作“飲醉食飽”。但這顯然又不是一般人可以擁有和享受的待遇。孫星衍曰：“古者天子諸侯皆有養老之禮，

---

① 轉引自（清）皮錫瑞：《今古文尚書考證·酒誥》，北京：中華書局，1989年，第324頁。

② 曾運乾：《尚書正讀·酒誥》，上海：華東師範大學出版社，2011年，第185頁。

③ （漢）鄭玄，（唐）賈公彥：《周禮注疏·天官·酒正》，《十三經注疏》（標點本），北京大學出版社，1999年，第126頁。

言爾大以賢能進爲耇老，惟君使爾飲食醉飽。”[①] 只有一國之君王在施行“養老之禮”的時候，在君王敬獻上美味佳餚之後，也只有那些賢能的長者纔可以無所顧慮，大嚼狂飲，而酒醉飯飽。至於還沒達到這個層次的人，無論是朝廷官吏，還是在野民衆，都是不能僭越、也不能覬覦的。既然酒在周初還是一件奢侈品，於是，那個時代的人們喝酒則總是要講資格的。進而，也根本不可能在酒席桌上、在酒杯面前實現人人平等。於是，酒杯之中有等級，酒杯之中隱藏著話語霸權和人際交往的社會密碼。

丕，句首語氣助詞；一作大。惟，或作語氣詞，張道勤作“思”。而顧頡剛、劉起釪則三字連解，而以爲“丕惟曰”是古人講話中間稍作停頓後接著再説時開頭的語氣詞，表示話題轉折、意義轉折，其含義相當於現代漢語的不過、然而。克，能夠。永，長久，長期堅持。觀，顧，觀察。省，反省。金履祥《書經注》：“永觀省，常自顧省察也。”

作，曾運乾：猶及也。而張道勤則解爲：舉止，行動，有所動作。稽，停止，歇息。俞樾云：“稽字從禾，《說文·禾

① （清）孫星衍：《尚書今古文注·酒誥》，第377頁。

部》：‘禾，木之曲頭，止不能上也。’故‘稽’亦有止義。”[①]《説文·稽部》：“稽，留止也”，意爲推遲、延期，《管子·君臣上》：“是以令出而不稽。”但又作：至，到，及至。《莊子·逍遙遊》：“大浸稽天而不溺。”還可作：合，相合，《禮記·儒行》：“儒有今人與居，古人與稽。”鄭衆注《周禮·小宰》云：“合也。”[②] 張道勤亦作“合於”，指符合。而曾運乾則説：“稽，考也”，並引《周官·地官·鄉大夫》曰：“三年則大比，考其德行、道藝，而興賢者，能者。”[③]

中，一般作形容詞的中，指中正之中，中道之中，指不偏不倚，不歪不斜；[④] 但又可作動詞，指擊中、切中，引申爲符合、觸及、達到，打上目標，正著目標，實現預期。今人有言：中標、中規中矩。中德，常解爲中正之德，中道之德。也可解爲擊中德性核心，符合德性基本要求。曾運乾引古射禮觀

① 轉引自顧頡剛、劉起釪：《尚書校釋譯論·酒誥》（第3册），第1398頁。

② 轉引自（清）孫星衍：《尚書今古文注·酒誥》，第387頁。

③ 陳戍國點校：《周官·地官·鄉大夫》，第32頁。

④ 中，被解作中正、中庸、中和，是戰國之後直至秦漢時代人們的一種普遍的思維特性和傾向，未必與上古之義相合。中，指中間、當中，合適、適於。正，正中，平正，不偏斜。《論語·雍也》：“中庸之爲德也，其至矣乎！”何晏《集解》：“庸，常也，中和可常行之道。”所以，周公訓導康叔“作稽中德”，就是要求他言行要有修養，必須符合倫常規範，爲邦國官民做出示範和榜樣。

德而作解，“言中德者，《禮・射義》云：‘射者，進退周旋必中禮，内志正，外體直，然後可以言中，此可以觀德行矣。’[①]是‘中德之義’也”。孔穎達《正義》曰：“射者之禮，言内志審正，則射能中。故見其外射，則可以觀其内德，故云可以觀其德行矣。”外由内定，個中誠實、端正則不愁投射偏差。“稽中德，亦擇士助祭之禮。《射義》又云：‘古者天子之制，諸侯歲獻貢士于天子，天子試之于射宫。其容體比於禮，其節比于樂，而中多者，得與於祭。其容體不比於禮，其節不比于樂，而中少者，不得與於祭。’即其事也”。[②] 鄭玄注曰：“歲獻，獻國事之書及計偕物也。三歲而貢士，舊說云：‘大國三人，次國二人，小國一人。’”[③] 天子測試士子，士子之“容體”舉止要符合《禮經》的規範，品節要符合《樂經》的節律。習射成績比較好的人方可以參加天子祭祀之禮。所以，中德之本義亦即中得，射宫表現不錯，有所收穫，贏得賞賜和贊許，纔有資

① 引文有錯誤、遺漏，核對於（清）阮元刻《十三經注疏・禮記・射義》（嘉慶刊本）（四），北京：中華書局，2009年，第3662頁上、下，糾正爲“射者，進退周還必中禮。内志正，外體直，然後持弓矢審固；持弓矢審固，然後可以言中。此可以觀德行矣。”

② 曾運乾：《尚書正讀・酒誥》，第185頁。

③ （清）阮元刻《十三經注疏・禮記・射義》（嘉慶刊本）（四），北京：中華書局，2009年，第3663頁下。

格晉見天子。故“作稽中德”則應該理解爲人們在酒席桌上的舉止、作息都很切合德性規範，皆能夠觸及和達到仁義價值的核心意旨，但卻没有絲毫的扭捏和生硬，完全是孔儒做人的那種“從心所欲不逾矩”[1]的最高境界。

“作稽中德”一句，孔安國以爲是周公在單獨訓導康叔，其《傳》曰：“我大惟教汝曰，汝能長觀省古道，爲考中正之德，則君道成矣。”[2]作爲先父、先王的子臣，應當經常不斷地體會前輩執政的“古道”，從文王身上學得先王當政一直所遵循和奉行的“中正之德”。中正之德乃爲“古道”，也是君王之道的一個重要組成部分，做不到這一條也就不能成爲君王了，所以孔穎達遵循《傳》解，而《正義》曰：“長省古道，是老成人之德，考其中正，是能大進行，可以惟爲君，故云‘則君道成矣’。”進而，“所爲考行中正之德，即是進行老成人，惟堪爲君。”孫星衍亦稱：“言爾能久觀省察於事理，將於爾所爲稽合于中道。”[3]亦即要求人們在涉及酒的時候，言行舉止都能夠符合中正之道，不走偏，不邪乎。俞樾說：“‘作稽中德’

① 參見程樹德：《論語集釋・爲政》，北京：中華書局，2010年，第88頁。

② （漢）孔安國，（唐）孔穎達：《尚書正義・酒誥》，《十三經注疏》（標點本），北京大學出版社，1999年，第376頁。

③ （清）孫星衍：《尚書今古文注・酒誥》，第378頁。

者，言爾克永觀省。則所作、所止無不中德也。”[1] 康叔、王族子孫以及前殷遺臣，面對酒不能逮住就喝，而應該做出深刻反省，其所舉所止，所發所息，都應該擊中爲君、爲臣之大道要害，抓住爲官、爲吏之核心本質，而毋使偏閃走失。小小酒杯看似無足輕重於國之大政，實則差之毫釐謬以千里，故不可不謹慎對待，以德自守。

周公的這句話在孔穎達的《正義》裏，陡然被提升到“立教”的高度。文王有“斷酒之法”，卻仍然没能夠有效遏制住人嗜酒、酗酒的衝動，所以，周公還得苦口婆心地設置“斷酒之教”，把喝酒這一原本再簡單不過的日常生活行爲做必要的教化、國法化、意識形態化處理，借助于禮樂而規定之、文飾之，以使之不亂、有序而能夠誘發人欲本能中的善性。從大局上看，周公似乎是在跟康叔宣導爲君之道，啓發他何以成王。而其切入點、著力點則是毫不起眼的酒，把酒當成問題，看起來好像上不了臺面，還真有點小題大做的味道。

> 既以慎酒立教，是大能進行老成人之道，是惟可爲人君。以人君若治不得，有所民事可憂，雖得酒食，不能醉

① 轉引自顧頡剛、劉起釪：《尚書校釋譯論・酒誥》，第三册，第1398頁。

飽。若能進德，民事可乎，故爲飲食可醉飽之道。[1]

在周初諸王看來，喝酒絶不只是一件哪裏喝哪裏了、啥時候喝啥時候了的小事，毋寧始終有關政風、民俗的形成與改善，始終有關官吏隊伍的整肅、天下事務的操持和辦理。甚至，通過喝酒，可以考驗出一個人的德行好壞與善惡，酒也與德密切關聯。所以，周公在這裏纔把酒列入政治禁忌，使斷酒、戒酒、慎酒成爲當前以及今後周王教化的一項核心内容以及康叔和王室子孫當前必須抓緊處理的一項急務。

明儒則進一步把“克永觀省，作稽中德”做了工夫論上的詮釋。潘士遴在《尚書葦籥》中曰：“反觀乎身，以内省於心，一直下，是慎獨工夫。惟真心最不可欺。一反觀而公、私洞然。故觀之不足，又深省之。然偶合易，純一難，故觀省之不足，又永觀省之。”戒酒、止酒必須用上儒家的“慎獨工夫”，不反觀内省則不足以從靈魂深處構築起對酒的森嚴壁壘和高度戒備。“謂之稽者中德，在方寸自有界限。作用所

---

① （漢）孔安國，（唐）孔穎達：《尚書正義·酒誥》，《十三經注疏》（標點本），北京大學出版社，1999年，第377頁。

形，如其界限而止，直欲德司契，而此合符，故曰‘稽中德’。亦是只在反觀内省上用工夫，每有動作必稽乎中德”，酒本單純之物，喝與不喝、喝多喝少全都在於自己有没有數，醉與不醉的“界限”全都依賴於方寸之心的把控。而這裏的“稽字要體認所作，間略有毫釐不當，便稽不過了”。[①] 合不合乎德，需要自家用心去理解和體會。讀了潘士遴的詮釋，直叫人懷疑：酒在大明一朝還能不能賣得出去，喝個酒還這般費事，到底還有没有人嘗到過酒的痛快淋漓？酒欲與酒德的對沖竟然被演繹得如此激烈、悲壯，需要多少鮮活的塵事爲之作出注解！[②]

儒家者流，其所作所爲的目的與意旨，於個人無非是成聖成賢，於社會則無非是文明教化。而讓人成其爲人，則必須立聖；讓社會成其爲社會，則必須立教。聖之於個體人格的積極

---

① （明）潘士遴：《尚書葦籥·酒誥》，見《四庫全書存目叢書》（經部54），浙江圖書館藏明崇禎刻本影印本，第502頁下、503頁上。

② （明）李楨扆《尚書解意·酒誥》亦曰：“觀省不分身心，只宜一直説謂反觀于内而省之于心也。念慮營爲，就在作字内，由念慮而發自，營爲也。”中國科學院圖書館藏清順治九年郭之培刻書種樓本印《尚書解意》，見《四庫全書存目叢書》（經部55），濟南：齊魯書社，1997年，第820頁下、821頁上。觀省必須浸入到人心每一時刻的念慮之間，戒酒要從人的思想深處抓起方可奏效。不觸及靈魂，皆爲膚淺而難有實效。所以，明儒對於《酒誥》的詮釋總不免打上心學的烙印，對酒仇視的多，拒絶的多。

塑建具有不可或缺的範導作用，而教之於天下良性秩序的形成與鞏固也是一條不可繞開的路徑。《中庸》開篇即講“天命之謂性，率性之謂道，修道之謂教”。人性受於天，天命之則生，不命則不生。故人生之本在天而不在人。然而，天因爲太浩渺而不可捉摸，命也難見、不可安排，人又只知形體之身，而不知投入母胎之前之何在，那就只能有待于聖人的垂教和開化。性受於天，天受於道，天出自道。率性亦即順天、從天。順於天者，則合乎道。但道之爲道，又深深蘊藏、寄托於人性之中，不顯不著，幽微而難以確證，這便需要聖人出面爲物立則、爲人立則，賦予仁義價值，構建天地萬物之德，此爲教矣。“成德以盡其性，乃爲教以教之。教也者，因人道而立其則，使民共覺而習之也”。人性出於天道，人道遵循天道。天降聖人，其偉大使命之一就是教化生民遵循天道，積極修爲以接近乃至達於天道。聖人對於天子一人的教導也很重要，因爲天子掌控天下最高之權柄，其命其令關涉百姓死活，所以規勸其爲政以德，使其言行舉止皆合乎天道，則可以用最小的成本去避免大規模的生靈塗炭。但教化百姓則可以開啓民智，讓所有人都能夠通曉仁義大本，使天道不再幽閉而能夠大昌明於普天之下。於是，覺天子與覺百姓一樣重要，覺一人與覺萬民的目的都是爲了達成天道。“共覺”即爲明明德，即爲大同。“教立于聖人，而以修道爲旨。故曰‘修道之謂教’”。[①] 唯有聖人可以把天下黎民帶出蒙昧的境地。在儒家語境中，聖人是先知，他可以向生民傳遞文明火種，設計目標，指引路徑，使其能夠超越出純粹的動物性，而成其爲人，以區別於禽獸。“天不生仲尼，萬古如長夜”，孔子就是這樣的偉大先知，是一位具有強烈使命感的偉大聖人。

周公也是一位了不起的聖人，因爲他主動地、有意識地制禮作樂，爲人立則，而讓人活得文明，活得有品位，可以使人類走向進步。在《酒誥》中，周公借酒而確立起以德化民、以禮節用的基本原則，顯然在爲周初做一篇社會治理的時代大文。對於酒，周公的態度和做法是，賦予其仁道主義的價值屬性和禮樂文化的含義，注重在限制與釋放之間、禁絶與娛樂之間、危害身體與滋潤生命之間、幻化意境與現實秩序之間、清醒的理性主義與超越的浪漫主義之間尋求一種合理的張力，保持適當而有效的彈性，强調發揮人的主體性作用，利用酒而不物於酒，更不至於沉溺其中而傷身誤事。

一旦君王完成了“慎酒立教”的治理設計，下一步則應該昭告天下，以便讓百官萬民遵照執行。如果“以羣臣言，‘聽

---

① 列聖齊釋：《中庸證釋》，臺北：圓晟出版社，1993 年，第 71 頁。

教’即爲臣義，不過慎酒進德，次戒康叔以君義，亦有‘聽教’，明爲互矣”。這裏，“爲人君”者，不僅應當在全天下範圍内確立起一種嚴肅、謹慎的喝酒態度，形成一種良性的社會風氣，以教育好所有的官吏和民衆，而且還應當制定嚴格的國法律令，對違拗、抗命之人予以必要的懲處和刑罰。“周公是一個偉大的政治家，他從鞏固政權的高度認識到移風易俗的重要性”。[1] 中國古代的國家治理始終具有政教合一的傳統，儒家要求美政必須能夠美俗，也相信美俗可以促進美政。《荀子·儒效》曰：“儒者在本朝則美政，在下位則美俗。”[2] 具有仁道情懷的知識分子如果得勢，位居在廟堂之上，則應該竭誠致力於使國家政治清明；而如果不得志，身寄草野，則應該以聖道教化周邊鄉親，改善民風社情，以醇厚世道人心。美政與美俗在儒家身上是統一無隔的，都是爲了讓人成其爲人，讓社會成其爲社會。

至於君王自己喝酒，也應當嚴格遵循“老成人之道”。國家如果治理得不好，經常爲老百姓的事焦慮、擔憂，即便頓頓有條件品嘗美酒佳餚，也不能吃飽喝醉，要想到老百姓的疾

① 錢宗武、杜淳梓：《尚書新箋與上古文明》，北京大學出版社，2004年，第184頁。

② 楊柳橋：《荀子詁譯·儒效》，濟南：齊魯書社，1985年，第153頁。

苦，胡吃海喝的時候要心安理得纔行；但君王如果能夠在自己的德性修養方面有所精進和提高，也能夠較好地解決老百姓的事，國泰民安，四海咸寧，這種情況下纔可以敞開肚皮吃飯喝酒，甚至可以一醉方休。在儒家的眼裏，即便是君王，喝酒也是有條件的，隨時都得與政治業績掛鉤。

當然，周公此時所訓導的對象也可能是王室那些年幼的分封諸侯，或者是一幫剛剛降服於周王的前殷卿臣士子，或者兼而有之。現在，他們也便只有“聽教”的份了。對於這些大小官吏，周公則要求他們應當經常自省，檢討自己身上的是非功過，不斷審察克治，而慎重對待喝酒，並且，其一切有關喝酒的言行舉止都必須有利於個人德性修養的改善與增進纔行。於是乎，爲君當“慎酒立教”，爲臣則當“慎酒進德”，因爲君臣所處的位置不同，所以在酒上所下的工夫也是不一樣的。君上以慎酒確立天下教化和世道風氣，而臣下則以慎酒而在百姓之中帶頭垂範，言傳身教，這樣便可以上下協力，相輔相成，而於斷酒、戒酒、慎酒方面共得助益，促成良好世風的形成和完善。

酒之禮：克羞饋祀，自介用逸，祭已燕飲

至於酒的使用中，如何處理祭祀神祖與人的自我享受之間的關係，周公告誡康叔與族人子孫說：“爾尚克羞饋祀，爾乃

自介用逸。”尚，顧頡剛、劉起釪作“猶”，相當於現代漢語的還、仍。上文有“大克”，即能夠很好地，這裏則遞進爲“尚克”，即還能夠，仍然能夠。羞，進，指敬獻。饋，孫星衍據《文選・祭顔光禄文》注引《倉頡》：饋，祭名也。《周禮・春官・大宗伯》：“以饋食饗先王。”鄭君《書注》：“饋食，助祭於君。”[①] 鄭玄注《周禮・天官・籩人》：“饋食，薦熟也。”饋祀，曾運乾作：“助祭于王。”顧頡剛、劉起釪作：“一種熟食之祭”，“以熟食祭鬼神稱‘饋食’，其祭名即稱‘饋祀’。”臧克和《校詁》則籠統解釋爲“饋祀”，猶言祭祀。

乃，若。介，界，限制。《後漢書・馬融傳》注：“界，猶限也。”一作求，薦。楊筠如《尚書覈詁》：“介與匃通”，“爾乃自介用逸者，爾乃自求用逸也。”匃是乞的異體字。《廣雅》：“匃，求也。”于省吾：“介應讀匃。匃，乞也。”[②] 《詩經・國風・豳風・七月》：“以介眉壽。”[③] 《小雅・穀風之什・楚茨》：“以介景福。”[④] 而曾運乾則有另解：“介，特也。”用，以。逸，

---

① 轉引自曾運乾：《尚書正讀・酒誥》，第185頁。

② 于省吾：《雙劍誃尚書新證・酒誥》，北京：中華書局，2009年，第140頁。

③ 參見雒江生：《詩經通詁・國風・豳風・七月》，西安：三秦出版社，1998年，第393頁。

④ 但雒江生說：“介，助。”見《詩經通詁・小雅・穀風之什・楚茨》，第602頁。

孫星衍引薛綜注《東京賦》云：樂也。[①] 用逸，行逸，指飲酒。臧克和說："這裏講的是允許喝酒的第三種情況，祭祀之後必燕飲。"[②]

在周公的告誡裏，"克羞饋祀"是"自介用逸"的前提。孔安國曰："能考中德，則汝庶幾能進饋祀于祖考矣。能進饋祀，則汝乃能自大用逸之道。"舉止皆符合德性規範或具備中正德行的君王，一般都能夠用熟食祭祀神鬼，而在祭祀神鬼之後，當然就可以燕飲而歡了。祭祀是條件，敬酒對神而言是必須的，而喝酒只是饋祀的一個附帶環節，對人來說則並不必然，不能喝酒者也可以不喝。人跟神沾光，而不是反過來。

酒在周初貴族階層的政治生活與宗教祭祀中逐漸開始具有了禮的屬性和規定。"酒與禮的結合，是《尚書·酒誥》所體現的儒家酒德政教精神的重要內容之一. 這種結合，是從祭祀活動開始的。"[③] 周人在祭祀中，用酒的品種和數量都是不少的，也頗有講究。《周禮·酒正》記：

---

① （清）孫星衍：《尚書今古文注·酒誥》，第 378 頁。

② 臧克和：《尚書文字校詁·酒誥》，上海教育出版社，1999 年，第 337 頁。

③ 黃修明：《〈尚書·酒誥〉與儒家酒德文化》，《北京化工大學學報》（社會科學版），2009 年第 1 期。

凡祭祀，以法共五齊、三酒，以實八尊。大祭三貳，中祭再貳，小祭壹貳，皆有酌數。唯齊酒不貳，皆有器量。[1]

以，須。法，常規，通則。孫詒讓疏曰："酒正之官法也。"《酒正》中，掌管酒之政令的酒正官"以式法授酒材"。共，提供，供給。齊，通"劑"，可作動詞，調配、調和。《韓非子·定法》："醫者，劑藥也。"也可作名詞，調味品，《禮記·少儀》："凡齊，執之以右，居之以左。"鄭玄注曰："齊，謂食羹醬有齊和者也。"貳，《周易·坎卦》六四爻辭："樽酒簋貳。"放一樽酒，附以一簋飯。虞翻曰：貳，副也。[2]《説文·貝部》："貳，副益也。""注酒于正中爲副。"[3] 指增益，添加。酌，勺子。孫詒讓曰："勺以酌酒，則亦通謂之酌。"指舀酒用的勺子。器量，賈公彥疏曰："器謂酌齊酒注入尊中，量謂皆有多少之量。"

五齊，《酒正》稱："一曰泛齊，二曰醴齊，三曰盎齊，四

---

① 陳戍國點校：《周禮·天官·酒正》，長沙：嶽麓書社，1989年，第13頁。

② 參見（清）李道平：《周易集解纂疏·坎》，北京：中華書局，1994年，第301頁。

③ 轉引自（清）孫詒讓：《周禮正義·天官·酒正》，北京：中華書局，1987年，第356頁。

曰緹齊，五曰沉齊。”祭祀用酒，品種和數量越是豐盛，便越顯得真誠。這裏，齊，通“劑”，意指調配，調和。《韓非子·定法》曰：“醫者，齊藥也”，[①] 即醫者之事，乃調配各種藥物。或指調味品，《禮記·少儀》曰：“凡齊，執之以右，居之以左。”鄭玄注曰：“齊，謂食羹醬飲有齊和者也。居於左手之上，右手執而正之，由便也。”孔穎達《正義》曰：“執之以右者，謂執此鹽梅以右手。居之以左者，謂居處羹食於左手之上，以右手所執鹽梅調和正之，於事便也。”兩手各有分工，協調動作，以達到“齊和之宜”。[②] 五齊，即上古之時的五種調和色香、口味均勻的釀製飲品。

泛齊，是一種酒糟泛起、糧滓渣浮出的濁酒。鄭玄注曰：“泛者，成而滓浮泛泛然。”[③] 孫詒讓疏曰：“成而滓浮泛泛然”。[④]

醴齊，是一種只發酵了一宿就釀成的、混有糟滓的甜酒。

---

① 參閱《韓非子校注·定法》，南京：江蘇人民出版社，1982 年，第 593 頁。

② （漢）鄭玄，（唐）孔穎達：《禮記正義·少儀》，下册，《十三經注疏》（標點本），北京大學出版社，1999 年，第 1041 頁。

③ （漢）鄭玄，（唐）賈公彥：《周禮注疏·天官·酒正》，《十三經注疏》（標點本），北京大學出版社，1999 年，第 118 頁。

④ （清）孫詒讓：《周禮正義·天官·酒正》，北京：中華書局，1987 年，第 342 頁。

鄭玄注曰："醴，猶體也，成而汁、滓相將，如今恬酒矣。"《説文》："醴，酒一宿孰也。"孰即熟，指釀成了，可以喝了。糧食酒的釀製時間是很講究的，期限越長，其口味則越香濃，其口感則越醇厚。李白詩曰："白酒新熟山中歸，黄雞啄黍秋正肥"，這裏的白酒"新熟"，可能就是一種僅僅釀製了一個季度的酒。

盎齊，是一種蔥白色的濁酒。鄭玄注曰："盎，猶翁也，成而翁翁然，蔥白色。"翁翁然，即酒色渾濁的樣子，但又比醴齊稍微清澈一些。鄭玄曰："盎以下差清。"

緹齊，是一種赤紅色的酒。鄭玄注曰："緹者，成而紅赤，如今下酒矣。"緹齊則又比盎齊稍微清澈一些了。孫詒讓疏曰："成而紅赤。"

沉齊，是一種糟滓沉在下面的酒。鄭玄注曰："沉者，成而滓沉，如今造清矣。"因爲酒糟、渣滓都沉澱在了容器的底部，所以，沉齊便顯得更爲清澈。① 孫詒讓疏曰："成而滓沉。"這種酒"濾清沉澱用茅縮去滓，濾清後還可加上秬鬯之類香料，酒越放越陳，是以古人也有'昔酒'之稱，相當於後世的

① 參閲楊天宇：《周禮譯注・天官・酒正》，上海古籍出版社，2004年，第74、75頁。

陳酒”。①

賈公彥曰：“酒正不自造酒，使酒人爲之”，酒正不在酒的生產第一線上，釀酒是酒人的差事，但“酒正直辨五齊之名，知其清濁而已”，負責酒成品的品質控制、觀察核對和口味鑒別。儘管齊還不是酒，“五齊對三酒，酒與齊異；通而言之，五齊亦曰酒”。② 齊與酒有别，但通常人們也稱之爲酒，界限模糊。

“五齊”顯然還不是嚴格意義上的酒，最多只能算作飲料。“五齊”之上還有三酒，即三種過濾掉糟滓的酒。《酒正》：“一曰事酒，二曰昔酒，三曰清酒。”孫詒讓疏曰：“三酒，已泲去滓之酒也。”③ 按照釀造時間長短而分出酒之三種。賈公彥疏曰：“以三酒所成有时，故豫給財，令作之也。”④ 這三種酒因爲都需要一定的釀造時間，所以酒正必須提前劃撥糧食、輔料

---

① 許倬雲：《周代的衣食住行》，見中研院歷史語言研究所、中國上古史編輯委員會：《中國上古史》（待定稿）第四本《兩周編之二・思想與文化》，1985 年，第 572 頁。

② （漢）鄭玄，（唐）賈公彥：《周禮注疏・天官・酒正》，《十三經注疏》（標點本），北京大學出版社，1999 年，第 119、120 頁。

③ （清）孫詒讓：《周禮正義・天官・酒正》，北京：中華書局，1987 年，第 347 頁。

④ （漢）鄭玄，（唐）賈公彥：《重刊宋本周禮注疏附校勘記・天官・酒正》，見《十三經注疏》(3)，臺北：藝文印書館，2013 年，第 77 頁上。

等物資，以便讓酒坊按照製作程式和工期要求完成生產任務。

事酒，鄭玄注曰："有事而飲也。"指一種因爲有事而臨時釀造的酒，"在三酒之中較濁"。[①] 賈公彥疏曰："事酒，酌有事人飲之，故以事上名酒也。"[②] 酒因事而兴作，因事而得名。俞樾："事酒者，謂臨事而釀者也"，[③] 指一種根據事情需要而及時釀製出來的酒，並非今日提前把酒造好，灌裝封壇，可以臨時貼牌的那種。而這裏的"事"，在周初可能僅指祭祀神祖之活動，並無他意。賈公彥釋曰："'有事而飲'者，謂于祭祀之時，乃至卑賤執事之人，祭末並得飲之。"但值得注意的倒是"祭末得飲"與"有事而飲"之間，不僅存在著時間上的先後分別，而且也存在著因果的懸殊。按照"有事而飲"的邏輯，只要辦事，就得喝酒，酒是必不可少的，喝酒與辦事幾乎可以同時進行。而根據"祭末得飲"的要求，喝酒顯然是附帶的，並不必須，祭祀是主要的，至於能不能喝到酒，則放在其次，無足輕重，所以在程式上也被安排在其後，並不必然，或則可

---

① 吕友仁：《周禮譯注・天官・酒正》，鄭州：中州古籍出版社，2004年，第66頁。

② （漢）鄭玄，（唐）賈公彥：《周禮注疏・天官・酒正》，《十三經注疏》（標點本），北京大學出版社，1999年，第120頁。

③ 轉引自楊天宇：《周禮譯注・天官・酒正》，上海古籍出版社，2004年，第75頁。

有可無。如果可以，連那些看門、掃地、燒水、打雜的“卑賤”之人都可以喝，而不僅限於主祭一人。

昔酒，鄭玄注曰：“無事而飲也”，與事酒相對，可供無事之時或無事之人飲用。賈公彥疏曰：“昔酒者，久釀乃熟，故以昔酒爲名。酌無事之人飲之。”或曰：“冬釀春成，較清，較事酒味厚。”① 總之，昔酒應該是一種釀造時間比較長的酒，並不特爲任何一件具體事情而準備，但卻可供人們隨時、隨地消費，非常便利。但如果“事”在周初的確僅指祭祀活動而並無他意，那麼，昔酒則參與祭祀活動的人員都可以喝，大家共同飲之，時間當然也放在祭祀之後。賈公彥曰：“‘無事而飲’者，亦於祭末，羣臣陪位、不得行事者，並得飲之。”於此，事酒與昔酒的使用區別可能也只在於，前者誰都可以喝，貴、賤不分，而後者則是主祭之王的陪同人員方可享用。

清酒，是一種釀造時間更長的酒。鄭玄注曰：“祭祀之酒”，專酒專用，備顯特別，因爲略具敬畏、神聖、珍貴的性質，故其生產過程、用糧、用料選取、封壇包裝可能都稍加考究一些。賈公彥疏曰：“清酒者，此酒更久於昔，故以清爲號。

---

① 吕友仁：《周禮譯注・天官・酒正》，第 66 頁。

祭祀用之。”[①] 或曰：“冬釀夏成，最清，較昔酒味厚。”[②] 在周初，清酒之好不只因爲其釀造的時間變長了、味道變醇厚了，更因爲其始終作爲祭祀神祖的貢品。賈公彥又曰：“‘清酒，祭祀之酒’者，亦于祭祀之時，賓長獻尸，尸酢賓長，不敢與王之臣[③]共器尊、同酢齊，故酌清以自酢，故云祭祀之酒。”清酒用於親喪之祭拜儀式之中，尸主、宗主代表死者舉杯向賓客、尊長酬謝致敬，彼此都並不喝下肚，而只是象徵性地用嘴唇抿一抿而已。

清酒專供祭祀之用，因而顯得比較尊貴。後世中國的許多重要的祭祀大典，如天子郊祭、歲祭，甚至民間盛大的祭祀活動，也多選用清酒呈貢。漢初的董仲舒曾在江都國大行“求雨”之術，祭拜環節也用到清酒。“春旱求雨……祭之以生魚

---

① （漢）鄭玄，（唐）賈公彥：《周禮注疏・周官・酒正》，阮刻《十三經注疏》影印本，上海古籍出版社，1997年，第669頁上。

② 吕友仁：《周禮譯注・天官・酒正》，第66頁。

③ “臣”，1999年北大版十三經注疏（標點本）《周禮注疏・天官・酒正》則作“神”，並引《司彝尊》注曰“‘諸臣獻者，酌罍以自酢，不敢與王之神靈共尊。’此約其義，則‘臣’即‘神’之誤，因二字聲相近也。”以此爲據而以爲“神”字由於發音相近而被誤當作“臣”字，見第120頁。但如果訓作“王之神”，則顯然與上、下文語境不合，身爲臣子的賓客前來喪祭，尸主、宗主代表死者端酒一一酬謝，賓客所祭拜乃爲死者，非天神也。故不從。

八、玄酒、具清酒、膊脯，擇巫之潔清辯利者以爲祝”。[1] 而“止雨”之術也用到清酒，“今淫雨太多，五穀不和，敬進肥牲清酒，以請社靈，幸爲止雨，除民所苦，無使陰滅陽”。[2]

至於“三酒”擺放的位置，還有不同的說法。按照《酒正》篇的文字交代，三酒無疑是要上祭台的，被供奉著。而《御覽·飲食部》引《禮記外傳》則曰：“三酒者，列於堂下，臣下相酌，酬酢之用。”三酒似乎並沒有直接供奉在祭臺上。如果是這樣，那它們究竟有什麼用呢？吴廷華云：“三酒不第共祭祀，如下王及后、世子、賓客、孤老、士庶子皆用之”，[3] 好像這三酒原來就是專門留著給王公大臣們自己喝的。這種說法似有疑竇，如果三酒不是用來祭祀的，那何必又把它們抬到、擺放在堂下呢？如果真的只是留著人喝的，直接搬到聚餐的場所就行了嘛。其實，賈公彦的疏早已經說得非常清楚了：“謂於祭祀之時，乃至卑賤執事之人，祭末並得飲之。”祭祀完成後，所有參與活動的人，無論尊卑、貴賤都是可以喝這些酒

① （漢）董仲舒：《春秋繁露·求雨》，聚珍本影印版，上海古籍出版社，1989年，第88頁。

② 董仲舒：《春秋繁露·止雨》，上海古籍出版社，1989年，第90頁。

③ 轉引自（清）孫詒讓：《周禮正義·天官·酒正》，北京：中華書局，1987年，第347頁。

的。這就叫作“燕飲”。

然而，按照賈公彦的解釋，三酒之中，也只有釀造時間最長的清酒是用於祭祀的，其餘二者，事酒、昔酒則分別是讓有事之人和無事之人喝的。其實，這也有前後矛盾，因爲如果事酒、昔酒不上祭台，《酒正》又何必將其與清酒一同列出，又如何“以實八尊”，如何分別“大祭”、“中祭”、“小祭”呢？於是，賈公彦又這樣解釋道：“亦于祭祀之時，賓長獻尸，尸酢賓長，不敢與王之神共器尊，同酌齊，故酌清以自酢。故《司尊彝》云：‘皆有罍，諸臣之所酢。’此三酒，皆盛於罍尊在堂下。但此清酒受尸酢，故以祭祀言之。”在上古，尸是代表死者受祭的喪主，是一個大活人，一般都由其嫡長子擔任。《儀禮·士虞禮》：“祝迎尸。”事酒、昔酒、清酒都盛在堂下的罍器中，而且都用於祭祀互動。但清酒又用於喪主回敬賓客尊長。相比之下，清酒則多了一項功能。

八尊，則是對作爲祭品的酒類飲料取用數量、容器及其擺放的具體要求。賈公彦疏曰：“五齊五尊，三酒三尊”，數量總共爲八尊。但“若五齊加明水，三酒加玄酒，此八尊爲十六尊”。但《酒正》這裏卻並没有提及“十六尊”一事，“不言之者，舉其正尊而言也”。周人祭品之供奉，上酒則可能不僅有數量的差異，而且酒尊的規格、大小、造型也皆有分別。孔穎達疏《禮運》曰："周禮，大祫於大廟，則備五齊三酒。大禘則用四齊三酒者，醴齊以下悉用之，故《禮運》云：'玄酒在室，醴醆在戶，粢醍在堂，澄酒在下。'"[①] 祫祭是太祖廟前的合祭，要上"五齊三酒"。而禘祭則是天子祭祀始祖的祭禮，必須用"四齊三酒"。玄酒當放在室内，醴醆則放在戶内，粢醍則放在堂上，澄酒則放在堂下的位置。

事酒、昔酒、清酒這三酒，大祭須添加三次，中祭須添加兩次，小祭則須添加一次，每次都是有勺數規定的。只有齊酒是不用添加的，但注入尊中也都有數量要求。《春官・肆師》："立大祀，用玉帛、牲牷。立次祀，用牲幣。立小祀，用牲。"[②] 而大祀，祭奉天地、宗廟。中祀，祭奉日月星辰、社稷、五祀、五嶽。小祀，祭奉司命、司中、風師、雨師、山川、百物。但爲什麼"齊酒不貳"呢？或曰"三酒是人所飲，講究文飾，故有添酒三次、二次、一次之差；而齊酒乃尸所飲，主於尊神，講究質樸，所以不添"。[③] 後半句是對的，喪主回敬賓客，只是禮節性地上上嘴，抿都不抿，更不是真喝。但前半句則有問題，祭祀用酒並不是隨後的燕飲。敬天地神祖之類，根

① 陳戍國點校：《禮記・禮運》，第 369 頁。
② 陳戍國點校：《周禮・春官・肆師》，第 56 頁。
③ 吕友仁：《周禮譯注・春官・肆師》，第 67 頁。

據儀式要求，每祭拜一次，隨後酒則倒在了壇前的地上，所以纔需要斟三次、兩次。並且，齊酒如果是王者燕飲上的“人所飲”，三兩次也不夠。

按照周公的誥辭勸導，只有在“克羞饋祀”之後，王公、諸侯、卿士大夫、文武百官纔可以“自介用逸”。在儒家，酒還是要喝的，一味禁絶也不是辦法，畢竟緊張的生命需要滋潤，畢竟酒在事外還可以圓融通達、拉近人與人之間的距離，因而或可給沉悶的生活帶來一絲轉機和亮色。只是儒家喝酒能夠以禮相節，知止有度，懂得克制，而絶不至於傷身、輕狂和瘋癲。《禮記》中，《祭統》篇曰：“凡治人之道，莫急於禮。”① 人類原本爲動物之一種，凡人類何以能夠與動物拉開距離，關鍵一點就在於人有禮，人能夠自覺用倫理德性要求自己和規約自己。《禮運》篇亦曰：“禮之序，以治人情。”能夠用來約束人的性情、馴服人的欲望的正是禮。禮的制定和推行顯然應該是儒家對人類文明與進步的一大貢獻，否則我們仍然還在動物的叢林裏相互傾軋和爭鬥。所以說，“壞國、喪家、亡人，必

① （漢）鄭玄，（唐）孔穎達：《禮記正義·祭統》（下），《十三經注疏》（標點本），第1345頁。

先去其禮”。[1] 而在酒的使用上，儒家很早就發明出一套儀禮限定，以防止人們在豪飲之後過於放縱自己的性情而破壞社會秩序。“如果没有先人傳下的酒禮，也許喝酒引出的荒唐之事更爲嚴重”。[2]

儒家於酒，上古之時則有燕飲之禮。《尚書大傳》曰：“天子有事，諸侯皆侍。宗室有事，族人皆侍。尊卑之義也。終日，大宗已侍於賓。奠，然後燕私。燕私者，何也？祭已而與族人飲也。”王闓運注曰：“事，謂祭祀，謂卿大夫以下。”[3] 天子祭祀天神的時候，諸侯、卿大夫都必須侍奉其左右，輔助整個禮儀之過程。同樣，大宗之家祭祀神祖的儀式，族人都應該出席，並且要做好一切服務。只可惜天子燕宴諸侯之禮早已佚亡，而只保存了宗子燕宴族人的記錄。相對於强殷博大、精緻的制度文明而言，周族自己的文化只算是剛剛起步。所以，周初諸王便不得不處心積慮，匠思獨運，而致力於把源於本部族的酒、祭、祀、射、冠、婚、宗廟之類的普通禮儀活動與道德、政治捆綁在

---

① （清）阮元校刻：《十三經注疏》（清嘉慶刊本）（三），《禮記正義》，北京：中華書局，2009 年，第 3088 頁下。

② 劉星：《中國法律思想導論：故事與觀念》，北京：法律出版社，2008 年，第 99 頁。

③ （清）王闓運：《尚書大傳補注・酒誥》，叢書集成初編本，北京：中華書局，1991 年，第 39、40 頁。

一起，許多日常生活事件的習慣性行爲都被作了禮樂化、制度化的提升，被賦予了不同的意義，進行了全新的詮釋。

楊寬在《西周史》一書中，曾專門討論過周人的“鄉飲酒禮”與“饗禮”，他指出，“周族自從進入中原，建立王朝，其父系家長制已轉化成爲宗法制度，原來習慣上應用的禮儀也轉化爲維護宗法制度和貴族制度的手段，鄉飲酒禮也就成爲維護貴族統治的一種手段”。原先很普通的鄉人飲酒之禮經過周王這麼一玩轉，轉眼間就被包裝成宗法制度和貴族制度的必備禮儀，而當作國族政治生活的組成部分。楊寬說：“這種由國君主持的禮，不僅具有酒會的性質，而且具有議會的性質。既要通過酒會的儀式，表示對貴者、長者的尊敬，分別貴賤、長幼；又要通過議會的方式，商定國家大事，特別是‘定兵謀’。”[①] 當然，這裏的“議會”只是“議事會議”而已，大家一起說一說，最多只是討論、協商一下，君臣尊卑、長幼之序還是要講的，而絶不可能是現代政治“三權分立”意義上始終具有左右、決斷功能的“議會”，因爲參加會議的族人、臣子始終並不具有任何程度的罷免權、否定權和監督權。

皮錫瑞疏證曰：“祭祀畢歸，賓客豆俎。同姓則留與之燕。

① 〔美〕楊寬：《西周史》，第752、753頁。

所以尊賓客，親骨肉也。”[①] 同姓族人一起祭祀，一起吃喝，以增進親情。只有等到各種祭祀禮儀順利完成了之後，大家纔可以聚衆羣飲一回。《詩經・小雅・楚茨》曰：“諸父兄弟，備言燕私。”[②] 燕私，原本指上古祭祀活動之後親屬之間的一種私宴。周初政嚴，惟在燕私之時纔可以稍許放開喝酒，還不能喝醉。所以，祭已而燕飲，應該是周公“戒酒令”所開的唯一缺口。[③] 酒不可以濫喝，只鼓勵和提倡一種有前提、有限制、有德性的飲用方式與習慣。

然而，按照《尚書大傳》的詮釋，宗族主人的燕私則是可

---

① （清）皮錫瑞：《尚書大傳疏證・酒誥》，光緒丙申師伏堂刻本影印版，第 273 頁。

② 參見雒江生：《詩經通詁・小雅・穀風之什・楚茨》，第 606 頁。

③ 燕私或燕飲之外，還有一種“遊飲”。《尚書大傳》曰：“古者，聖帝之治天下也，五十以下，非蒸社，不敢遊飲；唯六十以上，遊飲也。”蒸社，即一種有殺蒸的祭祀，通常會把豬肉、羊肉放在木製的俎器内予以供奉。五十歲以下的人一般是輪不到吃這樣的肉的。遊飲，即游燕，或遊宴，指遊戲宴樂。《列子・周穆王》：“游燕宫觀，恣意所欲。”《晉書・羊琇傳》：“又喜遊宴，以夜續晝。”葛洪《抱朴子・百里》：“或有圍棊樗蒱而廢政務者矣，或有田獵遊飲而忘庶事者矣。”六十歲以上的人，纔可以參與遊戲，喝酒取樂。而年輕人一旦介入，因爲缺乏足夠的德性自控能力，則容易消磨意志，麻痺靈魂。古飲酒，僅序齒一項的禮儀就有非常之多，規範要求也頗嚴。《禮記・鄉飲酒義》曰：“鄉飲酒之禮：六十者坐，五十者立侍，以聽政役，所以明尊長也。六十者三豆，七十者四豆，八十者五豆，九十者六豆，所以明養老也。民知尊長、養老，而後乃能入孝弟。”年齡不同，酒席桌上的待遇也不同，越長者越尊，古今中國之通則矣。

以喝醉的。“宗子燕族人于堂，宗婦燕族人于房，序之以昭穆”，[①] 這裏的宗子已非王者“天下之大宗”之嫡子，也不在“君統”之列，而僅存于“宗統”之内，似乎已降格爲卿大夫以下的宗族主人了。[②] 本家宗子在自己門庭内設宴招待族親，一門一族，濟濟一堂，暢敍歡愉。顯然在這裏，祭祀之後的燕飲被清楚地賦予了人倫綱常的性質和意義。人際之間的昭穆之序、兄弟彝倫也可以生動地體現在吃飯喝酒這一類的日常活動中。“不醉而出，是不親也。醉而不出，是渫宗也。出而不止，是不忠也。親而甚敬，忠而不倦，若是，則兄弟之道備。備者，成也。成者，成於宗室也。故曰飲而醉者，宗室之意也。德將無醉，族人之志也。是故祀禮有讓，德施有復，義之至也”。[③] 還沒喝醉就離開了，說明跟同族人的感情還不夠鐵。醉得已經走不動路了，也不行，似乎有損本家宗族的德性聲望。離開了，卻還到處去找酒喝，那就顯得對宗子主家不太忠實、

---

① 王國維曾說，殷商無嫡庶之制，但及至周代，宗法產生，政治、文化瞬間爲之遽變。“王者之嫡子，謂之宗子，是禮家之大宗限於大夫以下者”。周人有意把“宗統”與“君統”合二爲一。引文見《殷周制度論》，《觀堂集林》（上），北京：中華書局，1959年，第462頁。

② 參閱王國維：《殷周制度論》，見《觀堂集林》（上），北京：中華書局，1959年，第458頁。

③ （清）王闓運：《尚書大傳補注・酒誥》，叢書集成初編本，第40頁。

不厚道了，剛才有酒，爲啥不喝呢？兄弟之間喝酒，應當親熱而又相互敬重，心意誠摯而不要讓自己和對方的身體受累，這樣纔能體現昭穆之間的倫理情誼。祭祀之後，族人一起喝酒，喝醉了足以説明同宗同族還是有一定的感情基礎的，而如果能夠用德性規範有效約束一下自己，不使自己喝醉則是家人的初衷心願。"宗室之意"需要借助於酒的禮儀形式而適當表達出來，"族人之志"則需要個體的德性修養對酒加以適當控制。人世生活當然離不開酒，卻又要與酒保持適當的距離。

儒家喝酒也會醉，而且不醉不足以進入天人合一的境界。但儒家的醉始終建立在日用倫常的基礎之上，試圖在現有的人事秩序中超越自己，擺脱個體肉身之負擔，而升華到一種物我消融、時空泯滅、天人大同的絶對自由的純粹精神世界。但儒家的醉時常又夾雜著一絲暗淡、憂傷與悲情。"白衣蒼狗變浮雲，千古功名一聚塵。好是悲歌將進酒，不妨同賦惜餘春。風光全似中原日，臭味要須我輩人。雨後飛花知底數，醉來贏取自由身"。[1] 南宋小儒生、底層小官僚張元幹的詩句所呈現的就是儒家對醉的渴望和追求。世事變幻莫測，詩人自己的政治理想瞬間破滅，陡生無限感喟。姦佞當道，使得那些一心想爲朝

① （宋）張元幹：《瑞鷓鴣》，《蘆川詞》，文淵閣四庫全書本。

廷做事並且也都是光明磊落的仁人志士，其官職要麽被革，要麽被迫請辭，現在想爲國族建功立業、鞠躬盡瘁都没有任何機會了，其胸中已經充滿惆悵、悲嗆和絶望。而一旦聯想到千古歲月之中的無數英雄豪傑，到頭來都不免化爲一堆塵土，激憤的心情則又突然轉變爲一種無奈、淒涼與哀傷。現實中的扭曲、壓抑只有在醉後的幻化境界中纔能夠取得少許的超越和自由。所以，儒家喝酒最好還是不要醉，因爲一醉就不僅傷身，而且還特别傷心。

相比於老莊清玄家之喝酒、醉飽，儒家則缺少了一份爽朗、豁達與灑脱。魏晉名士、“竹林七賢”之一的劉伶，其《酒德頌》曰：大人“先生於是方捧罌承槽，銜杯漱醪，奮髯箕踞，枕麴藉糟，無思無慮，其樂陶陶。兀然而醉，怳爾而醒。静聽不聞雷霆之聲，熟視不睹泰山之形，不覺寒暑之切肌、利欲之感情。俯觀萬物，擾擾焉若江海之載浮萍”。① 這裏，“大

① （晉）劉伶：《酒德頌》。古今名流中，劉伶對於酒的興趣與喜好已經到了如癡如醉、如迷如狂的程度，可謂嗜酒如命、以酒爲生、無酒不歡。《世説新語・任誕第二十三》記：劉伶病酒，渴甚，從婦求酒。婦捐酒毁器，涕泣諫曰：“君飲太過，非攝生之道，必宜斷之！”伶曰：“甚善。我不能自禁，唯當祝鬼神，自誓斷之耳！便可具酒肉。”婦曰：“敬聞命。”供酒肉於神前，請伶祝誓。伶跪而祝曰：“天生劉伶，以酒爲名，一飲一斛，五鬥解酲。婦人之言，慎不可聽！”便引酒進肉，隗然已醉矣。參見余嘉錫：《世説新語箋疏》，北京：中華書局，1983 年，第 729、730 頁。

人先生”之舉杯喝酒，只在俯仰之間，世上無難事，只怕嘴一張，無不輕盈豪邁、痛快淋漓。喝酒原本就是一件快樂的好事，與其愁眉苦臉而帶著一副沮喪、頽廢的表情，還不如“無思無慮，其樂陶陶”，度過一個愉快的夜晚。在魏晉士人的精神世界裏，醉似乎已經成爲一種十分清醒的自覺追求，有意而爲之，很主動，很迫切。没事就去找“醉”受，因爲所有現實人生的顛簸、流離、負擔與痛苦都可以在一醉的幻化中方休，所有的憂愁、哀傷一旦經由酒精的麻醉作用而放下即是，了無牽掛。利來利往，憂煩紛爭，宛如秋日浮雲，絲毫都不牽掛於方寸之心。對於許多魏晉名士而言，一酒一超脱，一醉一升騰。儒家藉酒而在事中自得其樂，道家因醉而甩掉了整個世界。

然而，不同于王闓運的解釋，皮錫瑞疏證《酒誥》曰：“若宗子不飲之酒，使不醉而出，是不親族人也；若族人飲宗子酒，至醉，仍不出，是渫慢宗子也。言此者，明宗子之義，族人雖醉，尚留之飲；族人之義，雖不至醉，亦當辭出，不得盡。宗子之意是主法自當留賓，賓則可以辭主去。”① 如果宗子

① （清）皮錫瑞：《尚書大傳疏證・酒誥》，光緒丙申師伏堂刻本影印版，第 274 頁。

燕宴了族人，卻讓大家没喝醉就告辭了，説明他對族人感情不怎麽樣；如果族人在宗子家裏喝酒，喝醉了卻還不離開，就是怠慢宗子了。站在宗子的角度，族人雖然喝醉了，卻還予以挽留，顯得有情有義。而站在族人的立場上，雖然遠遠還没有喝到酩酊大醉的程度，但卻執意要走，不至於把主家的酒全都喝光，這纔顯得有情有義。宗子、族人之兩"義"並成一義，前者禮貌、客氣，絶不下逐客令；後者自覺、謙遜，絶不添主人麻煩，因而都顯得很有禮、有節，這樣纔是相互敬愛，可持續相處。

孔穎達《正義》曰："以聖人爲能饗帝，孝子爲能饗親。考德爲君，則人治之，已成民事，可以祭神，故考中德，能進饋祀于祖考。人愛神助，可以無爲，故大用逸之道，即上云'飲食醉飽之道'也。"① 顯然，饋祀也是有等級、有程式、有規格的。賢德之君王可以成爲聖人，唯有聖人纔可以祭祀天神（"帝"），一般人則没有資格。唯有孝順的子女纔可以祭祀先祖，忤逆之徒還是回避、遠離一下爲好，以免攪得先人陰魂不安。在中國民間，許多家族至今仍保留著不讓不孝子孫或帶著

① （漢）孔安國，（唐）孔穎達：《尚書正義・酒誥》，《十三經注疏》（標點本），北京大學出版社，1999年，第377頁。

罪身的後人進入祠堂的習俗。文王因爲具備了盛德而成爲周人之領袖和君主，天下安寧和諧，百姓生活穩定有序，他是有資格祭祀天神的，所以，憑藉文王的中正之德，當然也有資格向死去的先祖進獻熟食，祭奉他們。這樣的君主，世人敬愛他，神靈保佑他，於是，他纔可以推行一種"無爲"的政治路線和策略，體會一下"大用逸"之道，偶爾"飲食醉飽"一回，根本就無妨大局。可見，即便是聖王喝酒，也不是經常的，更不可能經常喝醉，只允許偶爾爲之。《酒誥》對君王的限制是很嚴格的。

周公進一步教誨道："玆乃允惟王正事之臣。玆亦惟天若元德，永不忘在王家。"允，《爾雅·釋詁》作"信"。張道勤作"的確"。惟，是。正、事，周代有正、有事之官吏。曾運乾《正讀》："正，爲長之臣。事，服事之臣。"[①] 但張道勤作"政事"。若，指善，贊美。臧克和說，同"諾"，意爲"允諾"。張道勤作"順應"。元，孔安國作"大"。曾運乾作"善"。忘，通亡，失，一作"遺忘"。在周公看來，那些能夠做到"作稽中德"、"克羞饋祀"、敬事神祖的卿士官吏，纔真正是周王的臣子。同樣，也只有這些人纔會得到天帝的褒獎和

① 曾運乾：《尚書正讀·酒誥》，第186頁。

贊賞，因爲上蒼始終只保佑善德之人。對待酒，也只有那些善於用德性修養約束自己的子孫，纔能夠保住王族成員的地位，“其封國永不爲王朝所廢棄也”。[1] 於是在周代，喝酒也與王族的身份繼承密切相關，但僅僅是一種負相關。[2]

---

① 臧克和：《尚書文字校詁・酒誥》，第338頁。

② 酒與政治的負相關，在曹操那首著名的詩歌《短歌行》裏也表現得非常充分。“對酒當歌，人生幾何？譬如朝露，去日苦多。慨當以慷，憂思難忘。何以解憂？唯有杜康。”喝酒可以使人意志麻痹，一位富有雄才大略、于政事于軍戰都十分積極有爲的千古英雄，竟然也會沉溺於杯中物，而變得一時如此消沉、如此悲涼。至於性情易發、意志力薄弱的普通人面對酒，則更難駕馭了，所以不可不戒，不可不斷。

卷五　酒與殷商政治禁忌

因戒酒而得天下：不腆于酒，受殷之命

（攝政）王曰："封，我西土棐徂邦君、御事、小子，尚克用文王教，不腆於酒。故我至於今，克受殷之命。"周公在這裏顯然試圖通過周人雄起勃興的過程、通過家族史的發展故事而打動康叔戒酒。封，康叔之名。西土，曾運乾謂"岐豐"。指周的故土岐周及所轄屬國。棐，歷代注家多訓作"輔"。但張道勤則以爲"指周王朝的支持者"。

徂，《釋詁》：徂，存也。一作：過去，逝去，韋孟《諷諫》："歲月其徂。"但曾運乾則作"險僻也"，並引《詩・天作》："彼徂矣岐，有夷之行，子孫保之。"① 《韓詩外傳》云："岐道險阻。"上蒼並不是因爲周原的地理位置的優越纔賦予周

① 引文參見雒江生：《詩經通詁・周頌一・清廟之什・天作》，第841頁。但雒江生說："徂，往。"

人以統御天下萬方的天命，曾運乾說：

> 公言“我西土棐徂”者，蓋當時殷民以岐道險遠，僻在西垂，故得乘高屋建瓴之勢而克殷。
>
> 公曰在德不在險，我西土並非絶遠。因邦宗室，不厚於酒，故得殷命。①

如果僅僅有位居“西土”、偏僻邊陲、高處俯瞰、便於向東長驅直入之類的地理優勢，周人就可以滅殷商了，那麼周人爲什麼没有早早這麼做呢，殷商又何必等到今天纔消亡呢？而實際上，周原並不算偏遠之地，也没有什麼險峻地形可以憑藉，唯一靠得住的只是先王的德性品格和善行積累。周人贏得天下之原因“在德”而“不在險”，從地理條件上找理由顯然是南轅北轍、緣木求魚，而不得其正解。“周以止酒而受天命”，不抬出天命則不足以使人信服，這是古代中國王權更替的最好理由，也最具有號召力和動員力，而這個天命則又恰好體現在酒的禁忌上。跟前殷王朝相比，周人整個宗室的一個最大優點便

① 曾運乾：《尚書正讀・酒誥》，上海：華東師範大學出版社，2011年，第186—187頁。

在於能夠做到“不厚於酒”而已。所以，正是在斷酒、戒酒、禁酒這一點上，周人打敗了殷人。沉溺於酒，喝酒泛濫，或許就是壓死殷商王朝的最後一個稻草，或許成爲上蒼剝奪殷人天命的最後一個恰當藉口。

在《酒誥》中，周公成篇累牘都在勸導斷酒、戒酒，竭力呼籲人們止酒，所以便不得不把話說得重一點，不得不把殷滅周興的原因和責任統統歸結到酒上，這是意識形態的一種需要，也是教化民衆的一種需要，話必須這麼說纔能有分量，纔能夠起到作用。難道周公不知道軍事武力的重要？難道周公不知道政制、決策、經濟基礎與民心所向的重要嗎？難道周公就不曉得作爲中性之物的酒原本無善無惡、無功無罪而只在於什麼人使用以及如何使用的道理嗎？非也。周公其實是很懂得“立教”的功能與作用的。他只有這麼說，纔有效果，纔有影響力。酒道設教的那一套技法，已經被他玩轉得非常順溜了。

用，遵從。教，教誨。腆，《廣雅・釋詁》：美也。動詞，以……爲美，把……當作美的。按照孫星衍的注疏，周公告誡康叔及王族子孫，“爾小子庶幾能用文王之教，不美於酒，故我至今能受殷大命”。這一要求顯然有點難度，在這個世界上，非“特殊材料做成的”人根本就做不到。從個體人的角度看，酒——天作地造之物的精華，憑什麼不能作爲審美對象來欣賞和品嘗呢？但從君王、諸侯、政治家、爲政者的角看，這酒就是不能喝，喝不得，喝了要出紀律問題，要犯政治錯誤。又作：多，豐厚。臧克和指出，王國維《古史新證》懷疑腆爲湎字之訛，《說文·水部》：湎，沉於酒也。改腆爲湎，于義通順，或備一說。

孔安國《傳》曰："我文王在西土，輔訓往日國君及御治事者、下民子孫，皆庶幾能用上教，不厚於酒。言不常歡。"周公回憶文王曾經在西邊的周之故地諄諄教誨過周邦當時的封國諸侯、大小級別的官員、普通百姓以及他們的子孫，要求他們牢記不准喝酒、不沉溺於酒的叮囑。他們大致上也都能夠聽從這個最高勸誡，没有不斷飲酒滋事，没有給周王的勃興大業添堵，"慎酒之教"可謂暢通，一聲令下還能夠喊到底。所以，也纔創造出宗周小族勝大邦、最終滅掉强殷的政治奇迹。

周人篤信天命，從《周書》各篇到新近出土的竹簡都有所體現。《召誥》曰："皇天上帝，……惟王受命"，王命一定來自於天授，及至戰國時期則呈現出認知天命的思潮，郭店楚簡《語叢一》曰："知天所爲，知人所爲，然後知道，知道然後知命"，① 則試圖在天、人、道、命之間尋找必要的意義關聯。

---

① 荆門市博物館：《戰國楚墓竹簡·語叢一》，北京：文物出版社，1998年。

《酒誥》中，周公說："我周家至於今能受殷王之命"，誰言酒事小，杯中繫天命。酒與政治負相關的程度，怎麼說都不爲過，連政權的合法性——天命都要拋棄那些沉溺於酒、以酒亂政、以酒亂國的君臣，而垂青於那些"無彝酒"、"以德自將"、"作稽中德"、"不腆於酒"的兢兢業業者。宗周的江山不是靠周族自己硬去爭取就能爭取到手的，也不是上蒼無緣無故掉餡餅就直接賜予給周人的，而是以紂王爲首的殷商君臣通過嗜酒、酗酒和惡政、暴政而拱手相讓出來的。所以，這纔導致《多士》篇所說："惟時上帝不保，降若茲大喪。"① 及至我周興起，文王之爲人，"篤仁，敬老，慈少"，其爲政"禮下賢者，日中不暇食以待士，士以此多歸之"，故其"積善累德，諸侯皆向之"，相比于紂王，"西伯蓋受命之君"。② 所以，殷商亡政，不必怨天尤周，只能怪自己不爭氣。而現在，周公說，"我周王享天之命"，"惟我周王，靈承於旅，克堪用德，惟典神天"。③ 只有那些能夠善待上天所托付的民衆、依靠德治的方針執政行事的君王，纔可以主持天子祭祀神天之禮。周人以小族

---

① 參見黄懷信：《尚書注訓·多士》，濟南：齊魯書社，2002年，第303頁。

② 李全華標點：《史記·周本紀》，第21、22頁。

③ 參見周秉鈞：《尚書注譯·周書·多方》，長沙：嶽麓書社，2001年，第200頁。

勝殷商大邦，故建政之初便不得不極善於拉扯起天命的大旗，借助于周王爲政的審慎嚴謹、做事的踏實勤奮和做人的謙卑低調而精心製造出各種天命神話，把自己包裝成天之所授的模樣，竭力論證出新生政權的合法性。這樣，一方面可以爲自己撐腰、壯膽，另一方面在別族、民衆面前也能夠樹立起自己的威信。

於是，中國古代歷史上，酒在政權交替過程中所發生的負面作用第一次引起重視並被清楚地凸顯了出來。在《酒誥》中，酒也開始與天命相關聯，甚至被賦予了天命的性質特徵。明人李楨扆曰："酒之作，由於天命，固當究其源而不可用矣。然酒之禍出於天威，可不思其害而所戒備乎？"[①] 酒之作，因爲天命；酒之禍，因爲天威。僅從表面上看，酒的禍福災樂都由於天，其實無一不是人的行爲結果，無一不是人自己所必須承擔的道義責任。所以，酒，雖爲神聖之物，但也是不祥之物，全在於我們人的使用。一個淹沒在酒裏面的王朝注定是走不遠的。周公之所以如此嚴厲地勸誡康叔，孔穎達曰："恐嗜酒不成其德，故以斷酒輔成之。"[②] 對於意識力不强的人而言，既然嗜酒容易走偏

---

① （明）李楨扆：《尚書解意・酒誥》，中國科學院圖書館藏清順治九年郭之培刻書種樓印本，見《四庫全書存目叢書》（經部 55），第 820 頁上。

② （漢）孔安國，（唐）孔穎達：《尚書正義・酒誥》，《十三經注疏》（標點本），北京大學出版社，1999 年，第 378 頁。

失德，那就必須斷酒、禁酒、止酒了，態度堅決而毅然。周公的《酒誥》可謂因材施教，並不是一刀切。"嗜酒"如命者，當"斷酒"；君王之事業有成者，則"無彝酒"；王族子孫與百官，"祀則酒"；而對所有人，則都要求"作稽中德"。因人而異，把握分寸。這樣，纔可以讓酒之立教切實可行而深入人心。

殷王成德，皆不崇飲，罔湎酒，遵法度

(攝政) 王曰:"封，我聞惟曰:'在昔殷先哲王，迪畏天，顯小民，經德秉哲，自成湯咸至於帝乙，成王畏相。惟御事，厥棐有恭，不敢自暇自逸，矧曰其敢崇飲? 越在外服，侯、甸、男、衛邦伯；越在內服，百僚、庶尹、惟亞、惟服、宗工，越百姓里居，罔敢湎於酒。不惟不敢，亦不暇。惟助成王德顯，越尹人祗辟。'"

惟，有也，或語氣助詞。臧克和《校詁》:"該句和下文'我聞亦惟曰'，皆言我聞有此語也。"迪，用；或作啓迪，開導。但吕祖謙《書說》則釋作"道"，並以爲"商王之興，蓋以是道而畏天畏民"，江聲《尚書集注音疏》從之，但卻認爲應該連上句讀作"昔殷先哲王之道"。[1] 畏，明人陸鍵釋曰:

① 轉引自顧頡剛、劉起釪:《尚書校釋譯論・酒誥》(第 3 册)，北京：中華書局，2005 年，第 1404 頁。

“人君孰不畏天民，湯則畏之，而見於行。此非以無常而畏也，真見天理、民岩通爲一體。畏者，神明惕勵，猶屬虚。”而“迪畏者，躬修體驗始爲實”。在本質上，“畏非待觸境而凝，亦非天一畏、民又一畏”，而是“直以敬爲本體，而舉天命、民心攝入於一念中”。[1] 顯，明示。天顯，乃《尚書》成語，《康誥》：“弗念天顯。”《多士》：“罔顧於天顯民祇。”意即“天明”與“天威”之混合。[2] 經，孫星衍據《孟子・盡心下》“經德不回”注曰“經，行也”。秉，執，持。哲，《說文》曰：“敬也。”但曾運乾：“哲，智也。”[3] 顧頡剛、劉起釪則釋：智，或明。

成湯，殷商開國之君。咸，《爾雅・釋詁》：皆也。或指延續，遍數。“自宋以下至清代大多數解經者，都對咸字視若無睹。至清中葉江聲《尚書集注音疏》始釋咸爲徧（遍），謂‘自成湯徧至於帝乙’”。[4] 帝乙，紂王之父，商之三十代君。成王，有成就的君王。畏，害怕，恐懼，《詩・大雅・烝民》：

① （明）陸鍵：《尚書傳翼・酒誥》，見《四庫全書存目叢書》（經部 53），清華大學圖書館藏明刻本影印本，第 106 頁。

② 臧克和：《尚書文字校詁・酒誥》，第 338 頁。

③ 曾運乾：《尚書正讀・酒誥》，第 187 頁。

④ 轉引自顧頡剛、劉起釪：《尚書校釋譯論・酒誥》（第 3 册），第 1405 頁。

“不畏强禦”；敬服，《論語·子罕》：“後生可畏。”相，《説文》：“相，省視也。”于省吾《雙劍誃尚書新證》説：“畏相，言畏敬省察，謂克己之功。”[①] 御，治理。御事，曾運乾：“治事也，非官名。”[②] 棐，輔佐，指輔臣。或解作“匪”。有恭，恭敬。暇，閒暇，指偷懶。矧，何况。崇，聚集，聚會。《詩經·周頌·良耜》：“其崇儒墉，其比如櫛。”鄭玄箋：“穀成熟而積聚多如墉也。”曾運乾則解：充也。

服，職事。上古之時，王畿範圍爲四方各五百里，王畿之外每五百里爲一類納税區與服役區。以王畿爲中心，由内向外，依次爲侯服、甸服、男服、采服、衛服。五服之内，謂之中國。五服之外，又分蠻服（要服）、夷服、鎮服、藩服。蠻服之外，中央政府的影響力與控制力逐漸减弱。外服，指王畿之外諸服，曾運乾解：外服，諸侯也。内服，百官宗室也。百僚，治事之百官，表示數量多，未必整百。尹，正也，相當於一把手職務。庶尹，衆官之長。惟，與。亞，《爾雅·釋言》：次也。指次於一把手的副官。服，任事之官，指具體的政務負責人。工，上古之官職，《小爾雅·廣言》：“工，官也。”宗

① 于省吾：《雙劍誃尚書新證·酒誥》，第 142 頁。
② 曾運乾：《尚書正讀·酒誥》，第 187 頁。

工，亦即宗人，宗室之官員，與王族有血緣關係。越，與，及。百姓，衆多族姓。居，王國維《古史新證》疑“居”爲“君”之誤。里居，里君也。“里君者，一里之長”。[①] 顯，明揚。越，與，及。尹人，正人，管理者。《多方》：尹民。《説文・又部》：尹，治也。祇，敬，遵從。辟，《爾雅・釋詁》：法也，即王法、國法。此句“言助成王者三事，明德與治民、敬法也”。[②]

孔安國《傳》曰：“殷先智王，謂湯蹈道畏天，明著小民。”湯王英明，遵循大道，而敬畏天神，能夠用良好美善的道德教化民衆。古文《尚書》有《微子之命》篇，“乃祖成湯，克齊、聖、廣、淵，皇天眷佑，誕受厥命。撫民以寬，除其邪虐，功加于時，德垂後裔。”殷帝成湯聖明通達，志意恢弘，識見精深，功勞施於當世，美德惠及後代。[③]“能常德持智，從湯至帝乙中間之王猶保成其王道，畏敬輔相知臣，不敢爲非”。湯以下的各代商王，直到帝乙，這些“先哲王”總“以戒酒而能長享國祚也”，[④] 不僅有德性修養，而且還非常理性、智慧，

① 臧克和：《尚書文字校詁・酒誥》，第 341 頁。
② 顧頡剛、劉起釪：《尚書校釋譯論・酒誥》（第 3 册），第 1407 頁。
③ 參閱黄懷信：《尚書注訓・微子之命》，第 254 頁。
④ 曾運乾：《尚書正讀・酒誥》，第 187 頁。

敬畏輔臣，自律自約，絲毫不敢爲非作歹。在《多士》篇中，周公也說過，“自成湯至於帝乙，罔不明德恤祀，亦惟天丕見保乂有殷。殷王亦罔敢失帝，罔不配天其澤”。[1] 君王如果能夠始終保持一種“明德恤祀”、“配天其澤”的虔誠心態，上蒼總歸會予以眷顧和關懷的，是不會不賜予天命的。“惟殷御治事之臣，其輔佐畏相之君，有恭敬之德，不敢自寬暇，自逸豫”。君上對臣下存有敬畏之意，臣下也便能夠勤勉、精心地輔佐君上，於是便形成一種良性回圈的君臣關係，這就是三代聖王之治的典範，一直爲後世儒家所津津樂道，甚至夢寐以求。

這些君臣“自暇自逸猶不敢，況敢聚會飲酒乎？明無也”。他們都是很敬業的，連放鬆自己都不敢，更沒有什麼享樂主義，因而不可能聚衆喝酒，狂飲大嚼。内服、外服的官吏無人沉溺於酒，既不敢，也没空。朝廷上下，風氣很正。“所以不暇飲酒，惟助其君成王道，明其德於正人之道，必正身敬法，其身正，不令而行”。[2] 在孔安國那裏，不喝酒已經被上升到一種“正人”、“正身”的高度而予以重視和强調。對於殷商早期的君臣官吏而言，禁酒、戒酒不僅是正人、正身的道德需要，

---

① 參見黄懷信：《尚書注訓·多士》，第303頁。

② (漢)孔安國，(唐)孔穎達：《尚書正義·酒誥》，《十三經注疏》(標點本)，北京大學出版社，1999年，第378頁。

而且也是遵守法度、嚴以自律的表現。《孟子·離婁下》曰："君仁莫不仁，君義莫不義。"趙岐注曰："君者，一國所瞻仰以爲法，政必從之，是上爲下則也。"孫奭疏曰："君以仁義率衆，孰不順焉，上爲下效也。孟子謂國君在上，能以仁義先率于一國，則一國之人莫不從而化之，亦以仁義爲也。"① 君王居處尊位，自身有仁義德性，便可以爲天下人提供榜樣，"則"的力量是無窮的。早期儒家一直試圖借助於政治威權的影響和勢能下行的連發作用而開闢出人人君子、天下有道的清明局面，所以非常精通提綱挈領的技巧和手法，因爲"覺君行道"成本最低，以上帶下，一呼萬應，費力最小，效果最好。然而，千餘年下來卻發現，儒家只把工夫主體聚焦於位於權力金字塔頂端的皇帝或小部分精英分子，把希望都寄託於他們的發善心行仁政，可最終卻發現，世道並沒有獲得根本性好轉，每朝每代，仗還是照樣打，人還是照樣殺，社會依然那麼亂。直至明正德元年王陽明"龍場悟道"之後，儒家纔開始意識到必須趁早改變和糾正作用力的方向，而大規模地致力於"覺民行道"。原來，皇帝也不是個個都靠得住的，天下有道還得靠天

① （清）嘉慶二十年《重刊宋本孟子注疏附校勘記》，《十三經注疏》影印本，臺北：藝文印書館，2013年，第143頁上、下。

下人自身的努力纔行，每個人自己都是德性塑造和仁道建構最主要、也是最真實的主體。至於在現代社會裏，讓每個道德主體自己覺悟過來，主動並發自内心地積極修爲，纔是仁義化成的正當途徑。所以，王陽明的"龍場悟道"應該成爲儒學自我啓蒙、儒學進入現代社會和現代世界的一大標誌性事件。

孔穎達直接承續了孔安國的解經思路，也以爲在這段話裏，周公"舉殷代以酒興亡得失而爲戒"，成湯，作爲前殷"智道之王"，一向"於上蹈道以畏天威，於下明著加於小民，即能常德持智以爲政教"。顯然，"常德持智"，長期堅守德性標準、持有理性智慧，已經從殷王個人的道德修養的工夫要求，推擴爲整個邦國政治教化的一項重要内容。"以道教民，故明德著小民"。中國"政教合一"的文化傳統由來久遠，政統與學統、道統始終結合、糾纏在一起，當政者自古就十分相信，老百姓的好是君上、羣臣、百官教育出來的結果，也非常相信精英階層言傳身教的社會作用與影響。所以，對他們便一直有道德上的要求，"德在於身，智在於心"。當政者、政策執行者的肩上既有治理國家的責任，也有教化萬民的義務。其個體的德性修養必然會滲透到政策走向、實施與操作的具體過程，因而會非常真切地影響到行政效率和政治效果。儒家一向善於用道德對國家治理實行全方位的圍剿和無死角的包抄，進而形成一種極爲强大的德治傳統。從《尚書》時代以來的中國，它便一直在不斷固化和提升。喝酒一旦被過多地摻進意識形態的成分，則必然變得沉重不堪，無論如何都開心不起來。

從成湯到帝乙，有殷一朝不但君上的謹慎、憂患意識非常强烈，其在行動上也能夠做出表率，而且，臣下做事也很敬業，克勤克儉，絲毫不敢懈怠。“人能主敬，則不縱欲。商君臣既一于敬，舉天下之物，不足以動之，况荒敗于酒乎!”[1] 殷商早期的君臣皆修敬德，不爲酒所誘惑，故能不荒於政。君上立身、做人，苛嚴而可以立威，臣下則不敢苟且偷生。於是，“御治事之臣”能夠“輔佐於君”，既有“恭敬之德”，又“不敢自寬暇”。上行下效，風吹草偃，君上正則朝廷正，朝廷正則百官正；百官正則百姓正，形成一個健康的、良性的政治生態，這樣就不愁治理不好天下了。“所以不暇者，惟以助其君成其王道，令德顯明，又於正人之道，必正身敬法，正身以化下，不令而行，故不暇飲”。[2] 酒在前殷諸王那裏，能夠得到有效控制的一個重要原因就是他們個人首先能夠“正身”，使自

---

① （明）楊文彩:《楊子書繹·酒誥》，見《四庫全書存目叢書》（經部55），江西省圖書館藏光緒二年文起堂重刻本影印，第532頁下。

② （漢）孔安國，（唐）孔穎達:《尚書正義·酒誥》，《十三經注疏》（標點本），北京大學出版社，1999年，第379頁。

己的言行能夠始終符合德性倫理的要求。由於正身，在百姓面前，在人羣當中，就可以行不言之教，禁酒、戒酒便根本不需要花大氣力下達什麼硬性指令，他們就可以自動認識到沉溺於酒的危害，而遠離酒，避免誤事。[①] “是亦可以爲法也”，這是上古中國以道德替代法律、法治讓位於德治的成功案例。

紂王淫泆：荒腆於酒，人神共憤

有殷一代，從成湯到帝乙，可能都有很好的酒德，君臣上下、百官百姓慎酒、戒酒都做得比較到位，堪稱榜樣。然而，到了紂王這裏，情勢則急轉直下，貪圖享樂，追求刺激，沉溺於酒池肉林，不僅敗壞了幾代殷王積攢下來的美好德行，而且還葬送了江山社稷。成事難，敗事快。“紂王沉湎於酒色之中，敗壞了殷代前賢勤政的優良傳統。上行下效，殷人普遍嗜酒，因而荒廢了政事和日常的生産勞作，最後導致國破身亡”。[②] 强殷的迅速瓦解和滅亡，在當時應該是一個非常震撼的政治事件，其教訓的反思和總結，可能在周初便已經形成比較一致的共識。攝政王曰：

---

① （清）孫星衍曰：“内外諸侯臣工，皆無敢媅樂於酒，不惟不敢，亦有正事，無暇及飲，惟助君威成就王德，使之顯著，至於正人敬法，無敢慢者。”君王有德即能立威，這便使得諸侯臣工恪守酒禁忌而不敢輕忽。引文見《尚書今古文注疏·酒誥》，第 380 頁。

② 王定璋：《尚書之謎》，成都：四川教育出版社，2001 年，第 224 頁。

我聞亦惟曰："在今後嗣王，酣身厥命，罔顯於民祇，保越怨不易。誕惟厥縱，淫泆於非彝，用燕喪威儀，民罔不盡傷心。惟荒腆於酒，不惟自息乃逸。厥心疾很，不克畏死。辜在商邑，越殷國滅，無罹。弗惟德馨、香祀，登聞於天；誕惟民怨，庶羣自酒，腥聞在上。故天降喪于殷，罔愛于殷，惟逸。天非虐，惟民自速辜。"

這裏的"我聞亦惟曰"，可能是周公的謙辭，明明是自己的主張、觀念，怕說出來没有威信，便假託成別人的話，以增加說話的分量與權威；但也可能是當時人們的一種普遍共識。今，近世。嗣，繼承。後嗣王，指紂王。酣，孔安國作"酣樂"。《說文》："酒樂也。"清人也訓作：侃，或剛，《廣雅·釋詁》："剛，强也。"身，于省吾《新證》："'身'、'申'，古通"，訓"酣身即剛申"，並且，"酣身厥命者，强申其命令也，意謂好以威權淩鑠人民，故下接'罔顯於民祇'"。[①] 申命，是周人語例，《多士》："予惟是命有申。"臧克和：身通倬，《說文·人部》："倬，神也。"身厥命，即神厥命，謂我有命在天。[②] 張道

① 轉引自顧頡剛、劉起釪：《尚書校釋譯論·酒誥》（第3册），第1408頁。

② 臧克和：《尚書文字校詁·酒誥》，第342頁。

勤解爲：飲酒興濃爲酣，指酣醉、沉醉。厥命，即上天所賦使命。顯，顯明。祇，本義爲敬，《虞書·大禹謨》："文命敷于四海，祇承於帝。"但于省吾《新證》則作"祇，本作'甾'"，甾、災，同聲通用。甚至，哉、載、菑、災，古亦通用。曾運乾作：語詞。張道勤解作"只"。保，《爾雅·釋詁》：安也。越，於。易，悔改。不易，孫星衍：不改也。"言紂之命令無可顯著爲民所敬，如先王之德顯使尹人祇辟，徒安於怨，不改其所爲"。[1] 孫詒讓《駢枝》：越怨不易，言與民怨之不可易也。《君奭》："不知天命不易。"曾運乾《正讀》："不易，不悛也"，[2] 即不改過，不悔恨。

誕，大。惟，爲，或思。縱，放縱，放蕩。淫，放縱，恣肆。《國語·魯語下》："逸則淫，淫則忘善，忘善則噁心生。"或解作"沉溺于"，《虞書·大禹謨》："罔淫于樂。"泆，通佚，《廣雅·釋詁》：樂也。又可解作：逸。張道勤解：縱情無檢束。彝，常，張道勤解作：法，典常。非彝，也可指非法。用，因。燕，宴，宴飲。一作"安"。衋，《說文·血部》：傷痛也。荒，大。腆，美，豐厚。荒腆，指沉迷於。惟，思。息，停止。乃，他

① （清）孫星衍：《尚書今古文注·酒誥》，第380頁。

② 曾運乾：《尚書正讀·酒誥》，第188頁。

的。但曾運乾作“仍也”。逸，《釋言》：過也，指過分享樂。

疾，病，毒，害。《左傳・宣公十五年》：“山藪藏疾。”很，凶狠。曾運乾則作“戾也”。畏死，以死相畏，畏之以死。辜，罪過，作惡。在，《爾雅・釋詁》：察也。商邑，商之國都。越，與；及至。俞樾《羣經平議》：“紂察見商邑與殷國將滅亡而無憂。”[①] 罹，憂慮。無罹，不憂。但孫星衍曰：“罹，即‘離’俗字，《易》九家注云：‘離，附也。’鄭注《月令》云：‘離，讀如儷偶之儷’。”[②] 曾運乾亦作：附也。“無罹者，言商紂衆叛親離，迄于滅國，無附麗之者”。[③] 弗惟，不有。馨，《說文》：香之遠聞者。德馨，臧克和說：指美德。馨香，遠聞的芳香，指美名遠傳。登，《爾雅・釋詁》，升也。《國語・周語上》曰：“國之將興，……其德足以昭其馨香，……神饗而民聽。”[④] 誕，大，一作句首語氣詞。自，擅自，私自。自酒，指不因祭祀、孝敬活動而擅自飲酒作樂。腥，腥臭之氣。臧克和作：酒食腥穢之氣。上，上蒼、上天。喪，喪亡之禍。民，

① 轉引自顧頡剛、劉起釪：《尚書校釋譯論・酒誥》（第3册），第1409頁。

② （清）孫星衍：《尚書今古文注・酒誥》，第381頁。

③ 曾運乾：《尚書正讀・酒誥》，第188頁。

④ 李維琦標點：《國語・周語上・内史過論神》，長沙：嶽麓書社，1988年，第8頁。

人，下民，這裏指紂王。速，召，招致。《商書·太甲下》："以速戾於厥躬。"曾運乾釋：此"言天非虐，民自召辜也"。[①]

按照孔安國的《傳》解，殷商一朝先前諸多先王的美善品德，在紂王身上已經蕩然無存了，於是，紂王便開始在中國歷史的舞臺上扮演一個遭人唾棄的反角。這是因爲，首先，他"酣樂其身，不憂政事"，紂王所追求的是一種過分的享樂主義生活方式，整天把自己完全沉浸在酒醉飯飽的氛圍裏，以至於耽誤了朝政，荒廢了國家治理。治權没有把握好、没玩轉好，直接導致了政權的敗亡。因爲治無道，政便喪失了自身存在的合法性。但我們如果往相反方向去想一想，則可以發現，紂王不僅需要有一個强大消化力的胃，因爲不强大則根本不足以裝得下隨時都可以吃進體内的酒食，而且，還要對喝酒保持極大的樂趣，没有對酒的强烈愛好，則不可能做到酒不離口、杯不釋手。嗜酒如命的習慣養成必須以强健的生理基礎做爲支撑。

第二，"紂暴虐，施其政令於民，無顯明之德，所敬所安，皆在於怨，不可變易"。[②] 不以德治，而行暴政於天下，弄得黎民百姓怨聲載道，深陷統治合法性危機，即便到了這個程度，還

---

① 曾運乾：《尚書正讀·酒誥》，第 188 頁。

② （漢）孔安國，（唐）孔穎達：《尚書正義·酒誥》，《十三經注疏》（標點本），北京大學出版社，1999 年，第 379 頁。

仍不知錯，不悔改，一滑再滑，其實已經離死不遠了。王夫之曾曰："紂之失民心，民好生而死之。"① 你不愛民，民也不愛你。你不讓人活，人也不讓你活。孔穎達《正義》曰："紂之爲惡，執心堅固，不可變易也。"② 大約從周代開始，紂王在中國歷史上的形象便已經固化、臉譜化，不只是外面壞，内心也壞。③

---

① （清）王夫之：《尚書引義・酒誥梓材》，北京：中華書局，1962年，第116頁。

② （漢）孔安國，（唐）孔穎達：《尚書正義・酒誥》，《十三經注疏》（標點本），北京大學出版社，1999年，第380頁。

③ 及至孔子之世，紂王名聲就已經很爛了。《論語・子張》中，孔子弟子子貢就一度質疑過前人和時人的評價："紂之不善，不如是之甚也。是以君子惡居下流，天下之惡皆歸焉。"人還是不犯錯誤爲好，一旦染上污點，不但清洗不掉，而且還會不斷被放大，所有的壞事都往你身上堆。犯有前科的人，說什麼都没人敢相信，做什麼都不會落好。古羅馬 Cornelius Tacitus《塔西佗歷史・第一卷》中說："一旦皇帝成了人們憎恨的對象，他做的好事和壞事就同樣會引起人們對他的厭惡。"後世學者遂有"塔西佗陷阱"一說。與之相應，子貢對紂王的質疑也被今天的中國人戲稱爲"子貢陷阱"。在王權合法性的社會評價和輿論導向上，好人與罪人之間，公信力、信譽度總維持一種反比例的關係，而呈現出別樣的"馬太效應"，好的越好，差的越差。可見，作惡的成本太高，必須承擔行爲上、責任上、心理上、聲譽上的多重風險。戰國時代的楊朱儘管比子貢概括得更準確，但他卻是致力於消解善惡、泯滅好壞的。《列子・楊朱篇》中，楊朱曰："天下之美，歸之舜、禹、周、孔；天下之惡，歸之桀、紂。"前四聖"生無一日之歡，死有萬世之名"。而後二凶"生猶縱欲之歡，死被愚暴之名"。但"苦以至終"，"樂以至終"，最後都還不是"同歸於死"嗎！作爲早期道家的楊朱學派對人倫價值、世道正義的拒斥與否棄，於此可見一斑。然而，儒家卻並不這麼認爲，如果行善也是一死、作惡也是一死，結果都差不多，那麼人世生活的秩序還怎麼建構和（轉下頁）

而爲什麼導致這樣的歷史評價呢？大概不僅因爲殷商一朝的江山社稷是在紂王的手上丟掉的，成王敗寇的思維慣性在中國還是很强大的，再有本事的英雄，一旦破敗，就會被億萬雙勢利眼所鄙夷；而且，也更因爲中國人都十分相信“萬惡淫爲首”，紂王不僅了無酒德，而且也淫蕩不堪。董仲舒曾稱，桀紂“以糟爲丘，以酒爲池”。[①]《史記・殷本紀》載：紂王“大勣樂戲於沙丘，以酒爲池，縣肉爲林，使男女倮相逐其間，爲長夜之飲。百姓怨望而諸侯有畔者，於是紂乃重刑辟，有炮格之法”。[②] 感官刺激，淋漓盡致，場面之污穢足以讓常人不忍直視，已大大突破、背離乃至挑戰了人倫綱常所能夠接受的範圍與限度。更何況，紂王只許自己放縱淫泆，而不准百姓有任何的不滿和反抗，否則就一律處置以嚴刑峻罰。以恐治國，只能靠鐵腕維持其政權統治，這是古今獨夫民賊的共同特徵。

(接上頁) 維持呢?! 所以，做人還得要勸善止惡，勉求道德。更何況，一如劉寶楠《論語正義・子張》所揭示，“《孟子・滕文公篇》言紂臣有飛廉，《墨子・明鬼下》有費中、惡來、崇侯虎，《淮南・覽冥訓》有左彊，《道應訓》有屈商，是紂時惡人皆歸之證。”一朝天子身邊出個把姦佞之臣是正常的，但這麼多惡人都集中在紂王周圍，那就說明紂王的治政策略和用人路線肯定都出了問題，後世帝王不得不深以爲鑒。

① (漢) 董仲舒：《春秋繁露・王道》，清聚珍本影印，上海古籍出版社，1989 年，第 24 頁。

② 李金華標點：《史記・殷本紀》，第 18 頁。

中國歷史上的皇帝們，在丢江山和淫亂這兩件事上，如果只丢江山而不淫亂，如獻帝、崇禎、宣統，人們充其量只罵他是一個無能的敗家皇帝。如果在權在位，江山還在，但很淫亂，如武則天、唐玄宗、雍正帝，人們仍然會給予適當的同情，皇上只是利用特權，好玩而已，雖然有點爛，但還不至於太壞嘛，還能接受。而如果既丢江山，又很淫蕩，不是一般的亂，如商紂王、隋煬帝，其罪名則一定無以復加，必須是一個十惡不赦的壞皇帝，非駡名千載、非死無葬身之地，則不足以發洩民衆心頭之憤怒。

所以，值得注意的是，歷代周王竭力呼籲禁酒、戒酒和止酒，還有一個重要原因則是酒總與色密切關聯、勾連在一起的。《論語·鄉黨》中，孔子要求“酒不及亂”，其所謂亂，錢穆解作“醉亂”，[①] 指人在醉酒之後，意志失控而出現的非禮與非常的精神狀態和行爲狀態。劉寶楠《正義》曰：“雖醉，不忘禮也”，[②] 始終爲儒家所惦記和所强調的則是醉酒之後人們對禮的干擾和破壞。酒後失禮，當然不對，有違體統。而酒後所

① 錢穆：《論語新解·鄉黨》，北京：生活·讀書·新知三聯書店，2002年，第259頁。

② （清）劉寶楠：《論語正義·鄉黨》，北京：中華書局，1990年，第412頁。

亂的最大危險和威脅往往就是性生活的紊亂和性關係的失當。人在酒後往往不能自製，在意志力麻痹的狀態下，一旦涉性，則必然放縱而無所節，於身、於心、於家、於社會、於綱常都容易埋下禍根，古今世界始終都不乏因酒亂性而成千古恨的悲劇故事。所以，酒、色大忌，正人君子不得不引以爲鑒。

第三，“紂大惟其縱淫泆於非常，用燕安喪其威儀，民無不盡然痛傷其心”。作爲一邦之主的紂王，非但不能言傳身教，而且還縱欲恣肆，没有分寸，燕宴羣飲，不尊體統，大大降低了朝廷的權威性和影響力，葬送殷王政權合法性，連普通百姓都爲之惋惜、痛心。曾運乾《正讀》批評説，“商紂湎於酒以至亡國”，“殷之亡，由於酒”。① 中國歷史上，每個王朝的覆滅皆有自己的一把心酸故事，如果按照出於皇帝自身和朝政路線特徵方面的原因劃分，則大致可以歸納爲殷商亡于酒，隋唐亡於色，兩宋亡于文弱，滿清亡於自大。

第四，紂王在酒方面的任性，具體表現在，“大厚於酒，晝夜不念自息，乃過差”。紂王之於酒，不僅毫無禁忌，而已經到了見酒便走不動路的程度，而且，喝起來還不分晝夜，不能自止。紂王喝酒，可能遠不止一日三餐，上朝理政、批閲上

① 曾運乾:《尚書正讀・酒誥》，第 188、189 頁。

奏、外出巡遊、宫内信步，無論何時何處，只要他一出現，就必須有酒，以保證他隨手可以舉杯。如果是這樣，紂王很可能是中國歷史上第一個提倡並實施朝綱喝酒化、辦公娱樂化的人。正題酒說，憑酒取人，以酒斷案，把酒接物，借酒行歡，内政外交，大事小務，都離不開酒，完全是一副以酒精主導世界的架勢，可以稱爲“泛酒主義”的先驅了。

第五，“紂疾很其心，不能畏死。言無忌憚”。作爲君王，紂内無善質，心底歹毒，不敬天，不畏地，不怕人，做起事情來心狠手辣，了無顧忌。這樣的主兒是相當可怕的。因爲其占據王位，一旦施行起惡政，則必將禍害於天下，其罪孽是普通人的千萬倍。“紂惟大美於酒，不思自止過，其心疾害乖戾，恃有命在天，不能畏死”。[①] 而前謂“酣身厥命”，如果按照臧克和所解：身通侸，《說文·人部》：侸，神也。身厥命，即神厥命，謂我有命在天。那麼，紂王簡直就是有恃無恐了，以爲自己命好，上蒼就一定會始終眷顧他，護佑他，於是就啥都不怕、爲所欲爲了。其實這只是紂王自我膨脹後所形成的幻想，很不真切。

第六，“紂聚罪人在都邑而任之，于殷國滅亡無憂懼”。因爲沉溺於酒，一羣已經犯下誤國誤民大罪的殷商君臣太過放縱

① （清）孫星衍：《尚書今古文注·酒誥》，第381頁。

自己，以至於到了亡國、滅族的緊要關頭，他們仍然没有絲毫的畏懼反應和警醒，行動上更是一無所爲，没有任何危機處理預案，不採取任何積極的補救措施。“爾不克敬，爾不啻不有爾土”，[①] 不敬事，不敬物，不敬人，失去江山社稷還只是上天懲罰的第一步。被酒麻醉了的軀體已經挺立不起來了，整個社會的意志力、動員力都已經消散在酒池肉林之中了。顯然是可恨之極，他們纔是殷商的罪人。

第七，“紂不念發聞其德，使祀見享、升聞於天，大行淫虐，惟爲民所怨咎”。並且，“紂衆羣臣用酒沈荒，腥穢聞在上天，故天下喪亡于殷，無愛于殷，惟以紂奢逸故”。上古中國人很早就非常相信，天、人之間是可以相互感通的。但現在紂王作爲君王，始終不能以自己美好的德行而感動上蒼，以至於即使他裝裝樣子偶爾祭祀一回上天，試圖祈禱諸神保佑，上天也不願意享用其供奉，《國語·周語》曰：“其政腥臊，馨香不登”，老天不願意接受的祭祀。你心不誠、行不端，怎麼可能感動上蒼呢！更何況，紂王與羣臣酒醉飯飽之後的腥臊氣味冒犯了天神，於是，不再眷顧殷族，而降下災禍，使其滅邦、亡國，剝奪其權柄，而交給後來的有德之主。孫星衍曰：“芳馨

① 參見黄懷信：《尚書注訓·多士》，第307頁。

不上聞於天，神不饗也。”[①] 可見，紂王之惡行已經引起了人神共憤，爲天道、天理和人倫、道德所不能容忍。

那麽，天是如何通過馨香升與不升、供奉饗與不饗的方式而甄别明君與昏君、國興與國亡的呢？《國語·周語上》有一段記載，内史過在答周王問時説過：“國之將興，其君齊明、衷正、精潔、惠和，其德足以昭其馨香，其惠足以同其民人。神饗而民聽，民、神無怨，故明神降之，觀其政德而均布福焉。國之將亡，其君貪冒、辟邪、淫佚、荒怠、粗穢、暴虐；其政腥臊，馨香不登，其刑矯誣，百姓攜貳。明神不蠲[②]而民有遠志，民、神怨痛，無所依懷，故神亦往焉，觀其苛慝而降之禍。”顯然，明君與昏君因爲自身品格、德性覺悟和行事方式的不同，一個是“齊明、衷正、精潔、惠和”，一個則是“貪冒、辟邪、淫佚、荒怠、粗穢、暴虐”，上蒼、天神對他們的感應程度及其回饋也不一樣，前者“其德足以昭其馨香，其惠足以同其民人”，後者則“其政腥臊，馨香不登，其刑矯誣，百姓攜貳”；而從現實的統治效果上看，明君善政，故而“神饗而民聽，民、神無怨，故明神降之，觀其政德而均布福焉”；

① （清）孫星衍：《尚書今古文注·酒誥》，第381頁。

② 蠲，潔也。引文見上海師範大學古籍整理研究所校點《國語·周語上》，上海古籍出版社，1998年，第31頁。

而昏君非爲，則“明神不蠲而民有遠志，民、神怨痛，無所依懷，故神亦往焉，觀其苛慝而降之禍”。

夏、商、周三代的興衰史不妨可以看作是上蒼、天神在不同時空上對君王、邦國分別進行褒貶和賞罰的動態過程，“是以或見神以興，亦或以亡。昔夏之興也，融降於崇山；其亡也，回祿信於聆隧。商之興也，檮杌次於丕山；其亡也，夷羊在牧。周之興也，鸑鷟鳴於岐山；其衰也，杜伯射王于鄗。是皆明神之志者也”。[①] 在内史過這裏，神與民始終是站在一起的，神饗而觀德，進而布福，民聽、民惠，則人神無怨。但在本質上，世間哪有什麼神！王權轉移、邦國存廢的決定性力量歸根到底還是人，唯有民心的向背纔可以真正決定一個政權的興亡成敗，而不是其他。這是儒家所始終堅信的一點。

最後，孔安國總結出一條顛簸不破的歷史真理，即“凡爲天所亡，天非虐民，爲民行惡召罪”。茫茫蒼天，哪有什麼災異譴告的功能，完全是由於人自己的惡言劣行纔真正導致了滅身滅國的罪禍。殷亡，是紂王咎由自取，于天何干？于周人何干？帝乙以上的君王“慎酒以存”的歷史非常清楚地告訴人們，爲政而治理天下就必須嚴肅待酒，不可放縱。而紂王“嗜

① 李維琦標點：《國語·周語上·内史過論神》，第 8 頁。

酒而滅"[1] 的慘痛教訓同樣也非常清楚地告訴人們，爲仁由己，自作孽不可活。所以，孫星衍說："天非暴虐，惟人自召罪耳。"[2]

王充爲紂王辯誣

周公在《酒誥》中，抨擊紂王可謂不留情面、不遺餘力，意在教育康叔戒酒、禁酒。然而，到了東漢，王充卻用自己清醒的理性對長期以來所流行的關於紂王湎酒的各種傳言進行了逐一分析和辯誣。王充首先駁斥的就是所謂"酒池、牛飲"説，《論衡·語增》篇曰：

> 傳語曰："紂沉湎於酒，以糟爲丘，以酒爲池，牛飲者三千人，爲長夜之飲，亡其甲子。"夫紂雖嗜酒，亦欲以爲樂。令酒池在中庭乎，則不當言"爲長夜之飲"。坐在深室之中，閉窗舉燭，故曰長夜。令坐於室乎，每當飲者起之中庭，乃復還坐，則是煩苦相踖藉，不能甚樂。令池在深室之中，則三千人宜審池坐，前俯飲池酒，仰食肴膳，倡樂在前，乃爲樂耳。如審臨池而坐，則前飲害於肴膳，倡樂之作

---

① （漢）孔安國傳，（唐）孔穎達正義：《尚書正義·酒誥》，北京大學出版社，1999 年，第 380 頁。

② （清）孫星衍：《尚書今古文注·酒誥》，第 381 頁。

不得在前。夫飲食既不以禮，臨池牛飲，則其啖肴不復用杯，亦宜就魚肉而虎食。則知夫酒池、牛飲，非其實也。①

流傳的話有時總似是而非，經不起深究，因而不可輕信。譬如人們說，紂王沉溺於酒已經到了酒糟堆成山丘、用個池子來盛酒纔夠喝、狂飲者竟然有三千人的程度，他們可以通宵達旦地喝酒，幾乎忘記了天日年歲。紂王的確十分喜歡喝酒，也想以酒作樂、取樂。但只要人們稍微想一下就不難發現，假如酒池子建在宮廷的中央位置，那就不能說他們是通宵達旦地喝酒了。因爲裏裏外外、來回走路也得耗費掉很多時間。而只有那種坐在幽深的宮室裏，關上門窗，點上蠟燭，坐著不動，一直喝個不停，纔可以叫通宵達旦的“長夜之飲”。② 而假如他們是坐在宮室房間裏，要喝酒的人每次都得站起身來，走到庭院中去舀酒，然後又得回

① （漢）王充：《論衡·語增》，見《百子全書》（第4册），第3286頁。

② 其實，在王充的質疑中，其邏輯也未必嚴絲合縫、没有漏洞。“酒池在中庭”也是可以無礙於“長夜之飲”的。因爲能夠被邀請到王者宫室聚飲者，皆當非權即貴。至於取酒、舀酒、執酒、斟酒，乃至喂酒，以及上菜、端菜、夾菜、撤盤、换碟、打掃餐桌衛生之類，當屬太監、奴僕之事，不必有勞權貴大駕。酒池子再遠也没關係，根本不會影響到他們喝酒的興致。有太監、奴僕的小心侍候和服務，權貴們則還是可以持久作戰、徹夜豪飲的。所以，酒池子的位置與聚飲時間的長短也可能並無關聯。即便是受邀的權貴們親自到中庭池子裏去舀酒，也不可能是喝一杯跑一趟的。盛酒的容器大一點，還是可以省跑很多趟的嘛。

來坐下繼續喝，那就既很厭煩勞累，又容易互相踩著碰著，一定不會很快樂。而不快樂的事情，他們應該是不會重複第二次的。

在王充看來，假如酒池子造在幽深的宮室裏面，那麼三千人就該坐在池邊上了，面朝前低頭喝池中的酒，抬頭吃著桌上的菜，還可以面對歌舞音樂，這樣的場景纔有樂趣。然而，如果真的是這樣，大家都在池邊上坐著，菜就放不到人的面前了，歌舞音樂的表演也不能展示在人的面前了。那樣，吃喝就完全没了禮法規矩，在池邊像牛飲水一樣狂喝，吃菜也不再用餐具，已經圍著魚肉像老虎一樣吞食了。這哪裏是人類在用餐、在飲酒啊？一點文明素養便都没有了。由此可知所謂“酒池牛飲”的傳言，並不是事實，不足爲信。

其次，王充駁斥了所謂“男女倮逐”的傳聞。

> 傳又言：“紂懸肉以爲林，令男女倮而相逐其間。”是爲醉樂、淫戲無節度也。夫肉當内於口，口之所食，宜潔不辱。今言男女倮相遂其間，何等潔者？如以醉而不計潔辱，則當其浴於酒中。而倮相逐於肉間，何爲不肯浴於酒中？以不言浴於酒，知不倮相逐於肉間。[1]

---

[1] 王充：《論衡·語增》，見《百子全書》（第 4 册），第 3287 頁。

人們關於紂王把燒烤好的肉懸掛起來形成肉林，讓男女裸露著身體在裏面互相追逐、遊戲的傳聞，從食物清潔、衛生的角度分析，在王充看來，是經不起推敲的。如果真的是這樣，說明紂王醉酒、享樂、淫蕩、嬉戲已經到沒有了任何節制、沒有任何自限的程度。王充對飲酒也是强調“節度”的。燒烤好的肉是入口的食物，口裏吃的東西則應該是乾淨的，而不能弄髒。如果按照傳聞所說的那樣，男女真的裸露著身體在肉林裏相互追逐、遊戲，肉又怎麼可能乾淨呢？如果是因爲酒醉了纔不計較乾淨與否的，那麼他們則就該乾脆一起跳進酒池中洗澡、打鬧纔對，因爲那樣纔盡興、纔瘋狂嘛。既然能裸露著身體在肉林中互相追逐、遊戲，那爲什麼又不能索性在酒池裏洗澡、打鬧呢？有理性的人僅從不交代在酒池裏洗澡、打鬧之事，就足以斷定他們不可能裸露著身體在肉林中互相追逐、遊戲了。①

---

① 王充的分析是有一定道理的，是食物都應該講究衛生，否則人吃了是要生病的。但他似乎也忽略了另外兩點。一是，羣飲、豪飲過程中，在宫廷裏的揚塵污染指標相同的情況下，燒烤好的肉懸掛起來，只要遊戲、打鬧的人身體不碰上去，與放在盤子裏端上餐桌的肉，衛生、清潔的程度是一樣的。甚至，懸掛著的肉還有可能比盤中的肉更乾淨，因爲肉與掛鉤的接觸面積要遠比盤子小很多。二是，人如果跳下酒池子，因爲身體是髒的，酒也便髒了，畢竟從頭到腳哪裏都可以搓出灰塵下來，男女激情過後還會有體液排泄出來，於是，池子裏的酒根本就没法喝了。更何況如果泡在酒池子裏，人的皮膚也會辣得難受，這顯然不是一件快樂、享受的事兒。紂王嗜酒，已經超越了正常的吃喝，目的無非是想尋找感官刺激，不快樂、不享受的事情則是一定不會去做的。

第三，傳聞往往聽到風便是雨，最容易以訛傳訛，言過其實。聖人没有說過的話，就不要輕易予以相信。

> 傳者之說，或言："車行酒，騎行炙，百二十日爲一夜。"夫言"用酒爲池"，則言其"車行酒"非也；言其"懸肉爲林"，即言"騎行炙"非也。或時紂沉湎覆酒，滂沱於地，即言以酒爲池。釀酒糟積聚，則言糟爲丘。懸肉以林，則言肉爲林。林中幽冥，人時走戲其中，則言倮相逐。或時載酒用鹿車，則言車行酒、騎行炙。或時十數夜，則言其百二十。或時醉不知問日數，則言其亡甲子。周公封康叔，告以紂用酒，期於悉極，欲以戒之也，而不言"糟丘酒池，懸肉爲林，長夜之飲，亡其甲子"。聖人不言，殆非實也。[①]

有人傳話說：駕著車給喝酒的人送酒，騎著馬給喝酒的人送肉，一連狂飲一百二十天纔算一夜。這話需要好好推敲一番。按照王充的剖解，這種傳話顯然充滿了邏輯矛盾。如果說"用酒爲池"，那麼說"駕著車給他們送酒"就不對了。如果說

① 王充：《論衡·語增》，見《百子全書》（第 4 册），第 3287 頁。

“懸肉爲林”，那麼說“騎著馬給他們送肉”就不對了。因爲既然酒在池中、肉已掛上，就不需要再安排車、馬專程送過來了。[①] 王充指出，誤傳的原因就在於：也許紂王曾經因爲酒醉而打翻了酒缸，酒頓時傾瀉了遍地，就被人們放大成酒流成池。酒糟堆積在一起，就被人們說作酒糟堆成了山丘。懸掛的烤肉有點多，像樹林，就被說爲肉成了樹林。肉林中有些昏暗，喝酒的人有時跑到裏面嬉戲，就被誇張爲裸露著身體相互追逐。有時裝酒用的是鹿車，就被說成駕著車送酒、騎著馬送肉。有時一連喝了十多晚上的酒，就被說成一連喝了一百二十夜。有時酒醉了不曉得問時間，就被說成忘記了天日。傳言往往都是這樣，逮住一點事實就没完没了地添油加醋，捕風捉影的内容很多。

周公當初分封康叔，就把紂王酗酒亡國的教訓告訴了康叔，目的無非是要把酒的危害全部和盤托出，不把話説得嚴重一些，康叔可能還不知輕重。然而，周公卻絶對没有說——酒糟堆成山丘，酒流成池，懸掛的肉成了樹林，通宵達旦地喝酒，忘記了天日——這種話。聖人都没有說的事情，大概都不

① 那麼，酒是怎麼到池子裏來的，肉又是怎麼掛起來的呢？仍然需要車、馬運來。很可能，流言只看到過程，王充只看到結果。

應該是事實吧。而按照正常的邏輯，王充是不應該相信聖人之言的，他始終只相信自己的理性。但這裏爲什麼王充卻抬出了聖人，可能是由於常人很相信聖人之言的緣故吧。

第四，王充否定了紂王與三千人牛飲的可能性。

> 傳言曰："紂非時與三千人牛飲于酒池。"夫夏官百，殷二百，周三百。紂之所與相樂，非民，必臣也；非小臣，必大官，其數不能滿三千人。傳書家欲惡紂，故言三千人，增其實也。①

至於人們傳言說，紂王不分時間、不按天時，經常跟三千人一起在酒池邊狂飲取樂，也有點誇大其詞了。按照王充的估計，夏朝的官職只有一百，殷朝只有二百，周朝只有三百。能夠被紂王所邀請一起飲酒作樂的人，不是老百姓，就是大臣；不是小臣，就是大官，那麼數量不可能滿三千人。歷史上作傳書的人想把紂王說得很壞，故意說有三千人，顯然是誇大了事實。在王充之所言中，殷商時代，中央政府的官員數量未必能滿三千，但如果紂王喝酒恩寵下達，甚至直接邀請"民"、"小

① 王充：《論衡·語增》，見《百子全書》（第4册），第3287頁。

官”，則顯然隨便都可以湊足三千。如果“紂非時與三千人牛飲”這件事情屬實，那麼至少還可以說明紂王還是挺善於跟別人分享酒樂的。今日中國民間仍然流傳著“一人不喝酒，兩人不賭錢”的說法。人們在喝酒的時候，獨自一個人喝悶酒是很容易醉的，小聚顯然没有羣飲那般喧囂、熱鬧。因爲酒的價值似乎只有在共用中纔能夠獲得體現和放大。在羣聚同飲的過程中，人們可以相互激發，相互模仿，相互促進，爭相做出積極、活躍的表現，性情、膽略則更爲奔放、更爲張揚，於是便共同製造出一種情感濃烈的氛圍，儘管時常摻雜著令人難以忍受的烏煙瘴氣。這樣，酒也便喝得更多，因爲酒精在搖唇鼓舌、滔滔不絕、唾星四濺的說話中往往從身體内揮發得也更快。

王充雖然爲紂王作了辯誣，但並不是要遮蔽和否認紂王嗜酒淫樂、亡國敗德的事實，只是不滿於時人傳聞、傳言的誇張與放大程度。他對紂王的定性是没有爭議的，有爭議的只是其違反酒禁忌、所犯罪惡的輕重深淺。王充畢竟還是一個儒者，儘管胡適說他是“提倡道家的自然的宇宙論，來代替儒家的天人感應論”，張岱年說他“所信的則是道家的自然論”，[1] 因爲

---

① 參閱〔日〕鄧紅：《王充新八論》，北京：中國社會科學出版社，2003年，第28、29頁。

他尊孔尊聖，仍然在强調“醉樂、淫戲”應該有“節度”，非常切合儒家的基本立場與意旨要求，但他也明確反對部分儒者肆意把紂王臉譜化、刻板化、妖魔化，而始終定格爲一個十惡不赦、罪大惡極的禽獸。王充撰寫《語增》，體現出他“疾虛妄”的深刻批判精神，整篇的目的就是要揭發、戳穿那些歪曲事實、添油加醋的流言，廓清當時一切虛妄的迷信和僞造的假書，糾正那些看上去正確、但卻似是而非的誤解和偏見。胡適在《中國中古思想小史》中說過：“《論衡》代表一種批評的精神，對於當時的宗教迷信和世俗流傳的書籍，都要‘訂其真僞，辨其實虛’。”[①] 徐復觀也說過，王充的學術特點是“崇疑、重證，以知性的判斷，代替偶像權威，並由此以立真頗妄”。[②] 在讖緯之儒學最爲盛行的東漢時代，讀一讀王充的《論衡》，頭腦則可以保持足夠的清醒。

人無於水監，當於民監

接下來，周公奉勸康叔不可不以前殷爲鑒。攝政王曰：

---

① 胡適：《中國中古思想小史》，見姜義華主編：《胡適學術文集·中國哲學史（上）》，北京：中華書局，1991 年，第 487、488 頁。

② 徐復觀：《兩漢思想史》（第 2 卷），上海：華東師範大學出版社，2001 年，第 363 頁。

“封，予不惟若兹多誥。古人有言曰：‘人無於水監，當於民監。’今惟殷墜厥命，我其可不大監撫于時！”

惟，想。若兹，如此。無，毋，不要。於，用，以。無，今文則作“毋”。監，《爾雅·釋詁下》：視也。意指取鑒，鏡照，察看。陸鍵曰：“監，戒也。雖兼妍、媸，既妍矣，雖監何益？唯媸而監焉，則可爲改圖之地。古人之監，亦欲知失處耳。人之修爲以己爲的，以人爲徵，未加觀省，而持論前代之短長，則往行皆陳迹。徒事檢飭，而蔑視上世之理亂，則孤心豈能自信明鏡止水？達人比心，監水亦是好的，但不若民監尤切耳。”[①] 人無論美、醜都得借鑒於明鏡而不斷改善自己，以圖裝扮得更好。王權統御的好壞，知在人心，所以當以民監爲鏡。墜，喪失。其，怎麽，難道。大監，認真取鑒。撫，覽，見《文選·神女賦》注。孫星衍曰：“撫者，鄭注《曲禮》云‘猶據也’。”[②] 曾運乾説：“撫，猶據也。”[③] 臧克和稱：“撫，臨也。”“監撫，猶言監臨。”[④] 時，《廣雅·釋詁》：是也。或指

---

① （明）陸鍵：《尚書傳翼·酒誥》，見《四庫全書存目叢書》（經部53），清華大學圖書館藏明刻本影印本，第107頁上。

② （清）孫星衍：《尚書今古文注·酒誥》，第381頁。

③ 曾運乾：《尚書正讀·酒誥》，第189頁。

④ 臧克和：《尚書文字校詁·酒誥》，第346頁。

此。曾運乾説："指殷墜命之故也。"①

周公勸告康叔戒酒、慎酒也是迫不得已，並非周公自己喜歡嘮叨個不休，而既是因爲成王年幼，攝政王不得不擔當起大任，代替成王授命，不反覆重申則不足以申明權威；也是因爲康叔履新，使命艱巨，需要在短時期内制服前殷遺民，周公不反覆告誡，則不足以奏效；更是因爲當前周族戰勝殷邦政治鬥爭形勢的實際需要，"周公在周代初年所宣布的這一'剛制於酒'的强硬的戒酒令，無疑在當時是極有針對性的舉措。"② 臨陣多囑咐，油多不壞菜。

孔安國《傳》曰："視水見己形，視民行事見吉凶。"③ 這句話本非周公所言，乃"古聖賢有言"，周公這裏只是引用，藉以傳達給康叔君王統御國家之道。君王治政，不要用水做鏡子，而應該用民心檢驗一下自己的成敗得失。現在因爲殷人自毁了他們的天命，難道我們周人還不好好以此爲鑒嗎？

《國語·吴語》中，申胥諫吴王曰：

王其盍亦監于人，毋監于水。④

---

① 曾運乾：《尚書正讀·酒誥》，第189頁。

② 王定璋：《尚書之謎》，成都：四川教育出版社，2000年，第229頁。

③ （漢）孔安國，（唐）孔穎達：《尚書正義》，《十三經注疏》（標點本），北京大學出版社，1999年，第380頁。

④ 李維琦標點：《國語·吴語·夫差伐齊》，第171頁。

吴王夫差“既許越成，乃大戒師徒”，即將討伐齊國，大夫伍子胥竭力進諫勸阻吴王，弗聽。伍子胥因受封於申地，亦稱申胥。按照伍子胥的戰略分析，吴國現在的主要敵人是越國，而不是齊、魯。“越王之不忘敗吴，於其心也戚然”，越國對吴國可謂虎視眈眈，因爲距離靠近，隨時都有舉兵侵入的可能。但齊、魯之國“譬諸疾，疥癬也”，根本算不上什麼戰略敵人，更何況，這兩個諸侯國“豈能涉江、淮而與我争此地哉?”大可不必跑那麼遠的路去攻伐他們。但越國就不一樣了，它會乘你移師北上的時候，趁虛而入，“將必越實有吴土”。“越之在吴，猶人之有腹心之疾也。”心頭大患你不除，卻去跟無關痛癢的齊、魯之國計較，顯然是不明智的軍事盲動。

君王應該從過去那些敗家亡國的君王身上汲取教訓，而不能只以水爲鏡，滿足於自己容顔的美麗和帥氣。歷史上的楚靈王就是一個爲所欲爲、窮奢極欲的昏暴之君。他是楚共王的次子，竟然殺死侄兒楚郟敖，而自立爲楚君。蔡靈侯至楚，楚靈王殺之，導致蔡國滅亡。派兵圍徐，威脅吴國。因戰事連年而耗盡楚國幾代君王的苦心積累，最終失去民心，導致百姓蜂起而推翻其統治。靈王逃遁，弔死於郊外。

《戰國策》蔡澤說應侯曰：

監于水者，見面之容；監于人者，知吉與凶。[①]

《史記·殷本紀》引《湯征》：

湯曰："予有言：人視水見形，視民知治不。"[②]

於此，儒家的德治傳統對國家治理的滲透傾向已經非常鮮明，它十分强調君王個體修身的重要性，尤其突出修身與政治的關聯。君身正，則政治清明。如果君身不正，爲政則可能極惡。孔穎達《正義》曰：周公在這裏"既陳殷之戒酒與嗜酒以致興、亡之異，故誥之。"前車覆鑒，爲期不遠，周人都記憶猶新，無法忘記。"人無于水監，當於民監"一句，其意在於"以水監但見己形，以民監知成敗故也"。於是，"水監"可以驗形容，"民監"可以驗民心。"水監"是小監，只能看到自己的身形面孔而已；但"民監"是大監，可以檢驗出君王爲政的得失與成敗。民情、民心的重要性被極大地凸顯了出來，被提高到一個天道的高度而加以理解和認識。因爲民情、民心則通

① 轉引自（清）皮錫瑞：《今古文尚書考證·酒誥》，第326頁。

② 今《湯征》已佚亡，引文則採自《書·湯征序》，參閱〔日〕瀧川資言：《史記會注考證·殷本紀》，上海古籍出版社，2015年，第120頁。

於天，可求於天。僞古文《尚書·泰誓中》，武王誓告西方諸侯曰：“天視自我民視，天聽自我民聽。”[1] 上天的聽聞和看法原來始終都與黎民百姓的是高度一致的。天子當畏天，君王治政當畏民。而畏民就是畏天，畏天就是畏民。孔穎達曰：“以須民監之故，今殷紂無道，墜失其天命，我其可不大視以爲戒，撫安天下於今時？”[2] 而在當下時刻，對於周王及其麾下的羣臣百官而言，最大的一面鏡子、最好的前車之鑒，就是商紂王因爲自己的無道無德而導致天命剝奪、喪身亡國的深刻教訓。周人要想治理好天下，要想江山社稷能夠長安久盛，就必須時刻照一照商紂王這面鏡子，銘記於心。惟其如此，纔能保證自身的不腐敗、不衰落。

---

① 周秉鈞注譯：《尚書·周書·泰誓中》，第 109 頁。

② （漢）孔安國，（唐）孔穎達：《尚書正義·酒誥》，《十三經注疏》（標點本），北京大學出版社，1999 年，第 381 頁。

卷六　酒與殷遺治理的剛制刑殺

引導前殷舊臣服務周王：定辟，剛制於酒

周公繼續告誡："予惟曰：汝劼毖殷獻臣，侯、甸、男、衛，矧太史友、内史友，越獻臣、百宗工，矧惟爾事，服休服采，矧惟若疇，圻父薄違，農夫若保，宏父定辟。矧汝，剛制於酒！"

惟，考慮。曰，認爲。劼，《説文》：慎也。指謹慎，慎重。孔安國則作"固也"。張居正曰："劼，是用力的意思。"[①] 毖，孫星衍稱"毖同必"，並引《廣雅・釋詁》："必，敕也。"但王國維解：毖與誥、教同義。[②] 意即告誡，教導。獻，《釋詁》：聖也。又指賢者，有才德之人。曾運乾作：賢臣。殷獻臣，章太炎：

① （明）張居正：《書經直解・酒誥》，見《四庫全書存目叢書》（經部50），故宫博物院圖書館藏明萬曆刻本影印，第250頁上。

② （清）王國維：《與友人論詩書中成語書二》，見《觀堂集林》（上），北京：中華書局，1959年，第79頁。

"謂殷遺臣也。說見《咎繇謨》。"[1] 指已經被周王起用的前殷舊臣，即《多士》篇所謂的"殷遺多士"。矧，又，還。但曾運乾則解："矧，況詞也。言外邦侯國，尚須戒酒，則親近大臣，亦當厲戒可知矣。"[2] 太史、内史，皆爲史官，即左史、右史。太史記事，内史記言。友，同僚，僚友。明人陸鍵曰：太史、内史"二史之於君也，侍從有獻納之功，朝夕有切磋之助，故曰：'友也。'"[3] 章太炎解曰："太史、内史如左、右手，故稱友。"[4] 因爲相互協作、不可分離而稱"友"。而顧頡剛、劉起釪則說：友，猶言寮。"太史、内史，人數甚多，故稱曰'友'"。[5] 越，與，及。百，庶衆，許多。宗，尊貴。

工，官員。顧頡剛、劉起釪注意到，"疑此'宗工'與前上文的'惟亞、惟服、宗工'的'宗工'不同。該上文是'宗工'承'惟服'來，爲天子近臣，當爲掌王之宗族者。這裏當

---

① 諸祖耿整理：《太炎先生尚書說·酒誥》，第 135 頁。

② 曾運乾：《尚書正讀·酒誥》，第 189 頁。

③ （明）陸鍵：《尚書傳翼·酒誥》，見《四庫全書存目叢書》（經部 53），清華大學圖書館藏明刻本影印本，第 107 頁下。

④ 諸祖耿整理：《太炎先生尚書說·酒誥》，第 135 頁。

⑤ 顧頡剛、劉起釪：《尚書校釋譯論·酒誥》（第 3 册），北京：中華書局，2005 年，第 1410、1411 頁。

是殷獻臣之宗工，以世家大族之多，故稱爲‘百宗工’”。[1] 也就是說，一個是周人自己的宗工隊伍，一個則是前殷滅亡後歸服過來、尚需進行必要的思想改造而最終也得老老實實爲周王服務效力的宗工隊伍。

事，治事之官。服，服事，主管。休，《說文》：息止也。指管理遊宴之官。服采，禮服色彩圖案，指主管朝祭之臣。鄭康成曰："服休，燕息之近臣；服采，朝祭之近臣。"[2] 若，你的。疇，于省吾稱：疇字讀如壽，以官言則曰三卿，以年歲言則曰三壽。三卿，指司馬、司徒、司空。

圻父，司馬，主掌王畿内的軍事活動。薄，曾運乾作"迫"。意即討伐，逼近。《淮南子・兵略》："擊之若雷，薄之若風。"但《方言》作"勉也"。孫星衍曰："言勉去其邪行，謂司徒之職。"違，逆也，違抗不順。農父，司徒，主掌戶籍、教育與農業生産。若，順應。保，養，安。曾運乾說："大司徒以保息六養萬民，以本俗六安萬民，故云‘農父若保’也。"[3] 農父，司空，主掌土地、工程營造與道路交通。按照張

① 顧頡剛、劉起釪：《尚書校釋譯論・酒誥》(第3册)，第1411頁。
② (清) 孫星衍：《尚書今古文注・酒誥》，第382頁。
③ 曾運乾：《尚書正讀・酒誥》，第190頁。

道勤之說，司空可能也“兼司寇”，而“司寇主司法”也。[①] 定，制定，定立。辟，《說文》：法也。指法度，亦指刑律。

矧，又，連同，包括。剛，《廣雅·釋詁》：“强也。”指採取强硬、果敢的禁酒措施。制，鄭玄注《王制》云“斷也”。意即斷絶，制止。孔安國：“剛斷於酒。”[②] 曾運乾：“剛制於酒，懸爲厲禁也。”[③] 這裏指戒酒、禁酒、斷酒、止酒，態度要堅決，手段要强硬。

周公要求康叔謹慎對待、合理使用前殷剛剛歸服過來的善臣百官，孔安國解爲“汝當固慎殷之善臣信用之”。處理侯服、甸服、男服、衛服諸侯的事務，必須慎重。至於太史、内史們之類的官員就更不用説了。“於善臣百尊官不可不慎，況汝身事服行美道，服事治民乎?”對那些剛剛馴服了的殷人不能麻痹大意，何況對那些在你身邊的人，更要通過美德、善行和良政而管理好他們。但按照黄懷信的解釋則爲，前殷留下的賢臣、百官、宗親，應該讓他們認真爲你做事，服侍你休息、爲

① 張道勤：《尚書直解·酒誥》，杭州：浙江文藝出版社，1997年，第120頁。

② （漢）孔安國，（唐）孔穎達：《尚書正義·酒誥》，《十三經注疏》（標點本），北京大學出版社，1999年，第381頁。

③ 曾運乾：《尚書正讀·酒誥》，第190頁。

你做事的人，要認真做好你的助手。[1] 司馬、司徒、司空是列國諸侯之三卿，應當“慎擇其人而任之，則君道定，況汝剛斷於酒!”[2] 重要崗位，關鍵職務，只要用對了人，幹部路線正確了，君王之道則大體也就没有什麽問題了。於是，謹慎飲酒、强制戒酒這樣的事情則一定可以迎刃而解。但是，對前殷遺臣的委任和使用，還是要有所戒備的，不可投入以完全的信任，要隨時提防他們起事和發動暴亂，而重蹈武庚叛亂的覆轍。所以，爲了周族威權的真正形成和新政地位的鞏固，康叔的肩上還得擔負起更爲重要的使命，於事必須“俱有定法”，於己則必須“剛斷於酒”。[3] 國法與道德的力量一起上，衛國之内肯定會獲得很好的戒酒、禁酒效果。

爲了能夠有效禁酒、戒酒和止酒，周公還試圖訴諸法律化、制度化的形式。宏父，晚出孔《傳》作“司空”,[4] 原本掌管土地、工程營造與道路交通，但也可能身兼司寇一職。而司寇則有制定禁酒的法律法度、處理違規聚飲之權力和責任。周

① 參見黄懷信:《尚順注訓·酒誥》，第 276 頁。

② 至於三卿分職，孔穎達疏曰:“三卿不次者，以司馬征伐爲重；次以政教安萬民，司徒爲重；司空直指營造，故在下也。司徒言于萬民爲迫回者，事務爲主故也。”見《尚書正義·酒誥》，第 382 頁。

③ (清)孫星衍:《尚書今古文注·酒誥》，第 383 頁。

④ 曾運乾:《尚書正讀·酒誥》，第 190 頁。

秉鈞稱：“司空量地亦制邑，度地以居民，俱須制定法度，故云宏父定法也。”[1] 百官行政，皆須兼顧教化，管得了土地，也得照顧好土地上的生民百姓，爲他們制定法律制度，讓他們過得幸福美滿，政治家、政客不得不操心百姓的吃喝拉撒睡，最終又導致什麽都管的高度威權。這樣，也就可以理解，古今中國的官爲什麽都很容易做成百姓的“父母官”了。

但孔穎達卻以“宏父”爲“司馬、司徒、司空”之總稱，其《正義》曰：“宏，大，《釋詁》文。以司空亦君所順所安和之，故言‘當順安之’。諸侯之三卿以上有司馬、司徒，故知‘宏父’是司空。言大父者，以營造爲廣大國家之父。因節文而分之，乃總之言‘司馬、司徒、司空’。”[2] 實際上，宏父的官職越大，禁酒所提到的高度也就越高，成效也可能越明顯。因爲喝酒總跟吃飯聯繫在一起，很難控制，最好能夠有所“定辟”，禁酒、戒酒、止酒只有納入常態化管理纔能奏效。

儒家非常相信禮教德化的作用和力量，而常常把法律强制的手段放在次要、乃至無足輕重的地位。《大戴禮記・禮察》

---

① 周秉鈞：《尚書易解・酒誥》，上海：華東師範大學出版社，2010 年，第 180 頁。

② （漢）孔安國，（唐）孔穎達：《尚書正義・酒誥》，《十三經注疏》（標點本），北京大學出版社，1999 年，第 382 頁。

曰："禮者，禁於將然之前；而法者，禁于已然之後"，[1] 儒家的所有道德教化都注重於事前的防範，而把事後的制裁、補救交給了法家。儒家經常把德化的功能强調過了頭。孔子在世時就追求一種"無訟"的治理效果。《論語・顔淵》中，孔子曾稱"必使無訟"，德教化民在前，老百姓根本就不需要把時間和精力都花費在上堂起訴、判案了斷之類的周折上了。董仲舒也曾建言漢武帝："古者修教訓之官，務以德善化民，民已大化之後，天下常亡一人之獄矣。"[2] 無訟、無獄，幾乎已經是聖王天下治理的終極目的和最高理想了。而法律的價值和作用則似乎遠不如德化。法條刑律懸而不用，能夠發揮一點震懾效果就好，並不期待它真的施行廣泛。儒家爲什麼如此低估乃至弱化法律强制的價值與作用呢？主要是因爲他們看到了法律自身所具有的缺陷，短期可以奏效卻難以維持長久，不如德化之潤物無聲，垂之永遠；斷於法律，則必有刑殺，而死人總是不好的，《論語・子路》曰："善人爲邦百年，亦可以勝殘去殺矣"；聽任於法

---

① 而"能見已然，不能見將然"，這是人類認知的特點和缺陷。禮化與法治的效果差别就在於，"法之用易見，而禮之所爲生難知也"。引文參閲（清）王聘珍：《大戴禮記解詁・禮察》，北京：中華書局，1983 年，第 22 頁。

② （漢）班固撰，陳焕良、曾憲禮標點：《漢書・董仲舒傳》（下），長沙：嶽麓書社，1994 年，第 1104 頁。

律，吏治威猛，嚴刑峻罰，則必然導致民衆反叛，危害社會秩序穩定，也不如德化能夠讓人心服口服。① 所以，中國古代的地方官往往又都執掌著禮樂綱常之教義，他們能夠“運用道德教化解決法律糾紛”，並且也“收到了和息紛爭的效果”，也正因爲這一點，“明德息訟”在古代中國一直被視爲儒家“德主刑輔”觀念主張的具體實施，是“以禮斷案”的實證。② 《多士》篇中，周公對殷遺也是先教後刑，“告爾殷多士，今予性不爾殺，予惟時命有申。”三令五申之後，不到萬不得已，不開殺戒。

潘士遴《尚書葦篇》稱：“劼、毖貫定辟，申明大命于人，言教也。剛制者，躬行大命于己，身教也。劼、毖與剛制相應重看，劼、毖必從殷獻臣者，庶羣自酒不可不先爲禁也。殷獻臣侯服于周，故與侯、甸、男、衛並敍，由外臣說到所友、所事，又說到若疇，直說到康叔身上，要其先剛制，以爲則己；不剛制，而能劼、毖人者，無有。”③ 《酒誥》文本中，周王勸導人們戒酒、止酒、禁酒，針對不同對象，從康叔、周室後

① 參閱瞿同祖：《中國法律與中國社會》，北京：法律出版社，2003 年，第 311—313 頁。

② 張晉藩：《中國法律的傳統與近代轉型》，北京：法律出版社，2009 年，第 328 頁。

③ （明）潘士遴：《尚書葦篇・酒誥》，見《四庫全書存目叢書》（經部 54），浙江圖書館藏明崇禎刻本影印本，第 509 頁下。

生，到侯、甸、男、衛之類的周人官吏，再到侯服於周的前殷獻臣，舊朝外臣與所友、所事的周人同僚，區別對待，循循善誘，分步實施。只有在柔性辦法無以奏效、不得已之時周王纔採取强硬的法律措施予以解決。由"劼"、"毖"而"剛制"，違禁者的處罰也有差異，不盡相同。

在《酒誥》文本中，儒家最先是希圖用道理曉諭、德性規勸的方法讓人們謹慎待酒，不沉湎於酒，但很多時候道德的力量又非常脆弱。"酒雖細故，不嚴則禁不絶也"。[①] 所以接下來，周公便要求"剛制於酒"。剛，指"以强硬果斷的措施"。道德教化走不通的情況下，便借助於法律化、制度化的約束。制於酒，即"禁止飲酒、勒令戒酒"。[②] 如果光靠道德說教仍然戒不了酒，自覺戒酒有難度，主體自身就下不了戒酒的決心。自己如果没有克服、忍受一下或壓抑一下酒癮的那種意志力，則不得不從外面施加一定的壓力了。周秉鈞說："周公告康叔敕戒外官和康叔之屬官，言汝等須强斷於酒。"[③] 既然是一種外界强制，那就不會客氣的了。嚴格限定酒的生產和銷售，監督酒的

---

① （清）楊方達：《尚書約旨·酒誥》，《四庫全書存目叢書》（經部 59），中國科學院圖書館藏清乾隆刻本，第 554 頁上。

② 張道勤：《尚書直解·酒誥》，杭州：浙江文藝出版社，1997 年，第 120 頁。

③ 周秉鈞：《尚書易讀·周書·酒誥》，第 180 頁。

使用，制定並申明酒的法律，乃至直接没收酒，通過這些辦法都可以把官方禁酒令落到實處。在禁酒問題上，外在法度的硬性限制肯定比内在的道德規勸更能收到成效。面對酒的誘惑，總有辦法讓你想喝也喝不成。

儒家之戒酒、止酒、斷酒，到了明代學者那裏則演繹出一套相應的工夫要求，極爲强調個體的意志力。在理學、心學盛行的思想背景下，儒者進一步認識到，要果敢決斷，其實是需要一定自我心力作用的，没有一定的勇氣則做不到這一點。明人陸鍵在《尚書傳翼》一書中指出，"'剛制'說得細，含迪威意，不特嚴湎酒之戒，直絶暇逸之端。蓋勉强禁止者，念少柔茹，即未絶浸淫之竇，必持以堅忍精神，奮以果毅力量。對旨酒如勁敵，而顧惜牽繫之情，一刀都斷。蓋酒之溺人也，令人靡于中莫能自振。此毖臣者利用劼，以銷其習氣；制身者利用剛，以奪其柔心，皆遏欲存理之關，去危保微之界，非大勇豈能致其決哉?"[1] 潘士遴《尚書葦籥》亦曰："蓋剛制謹酒念頭須時時有之，念念提醒而弗湎於酒"，[2] 戒酒戒到靈魂深處，纔算真正的戒了。明儒

---

① （明）陸鍵：《尚書傳翼・酒誥》，見《四庫全書存目叢書》（經部 53），清華大學圖書館藏明刻本影印本，第 108 頁上。

② （明）潘士遴：《尚書葦籥・酒誥》，見《四庫全書存目叢書》（經部 54），浙江圖書館藏明崇禎刻本影印本，第 512 頁上。

顯然已經把戒酒當作儒家的一門德性工夫來做了。

顯然，戒酒絶不只是嘴上工夫，而是心裏工夫，首先，必須加强對酒的危害性的認識，把戒酒、止酒、斷酒上升到“遏欲存理之關”與“去危保微之界”的高度予以審視和重視。儘管世事紛繁，但做人的德性往往就落實在面對各種誘惑時自己如何把持得住這麼一丁點上而已。它是一道關口，它是一個界限，然而往往在不經意之間就被疏忽了。其次，“直絶暇逸之端”纔是萬法之法，直指人心，釜底抽薪。“對旨酒如對勁敵。顧惜牽繫之情須有一刀兩段意”。[①] 儒家絶酒，應當做到狠剎嗜酒一念間、絲毫的縱欲想頭都没有的地步，不要懷有一點點的“牽繫之情”，直接把酒當作自己的敵人，“對旨酒如勁敵”，遠離美酒，宛如遠離美色。再次，要下到這般工夫，則有需要相應的“堅忍精神”與“果毅力量”，没有一定勇氣的人永遠是戒不了酒的。爲君上服務的“毖臣”可以利用一直謹慎（“劼”）的態度，消除自己所染的惡劣習氣。而善於利用德性約束自我的人則會堅定心志，嫉惡如仇，果敢勇猛，從善如流而決不姑念姑息或遷就自己的不良嗜好。

① （明）楊文彩《楊子書繹·酒誥》引“副墨曰”，見《四庫全書存目叢書》（經部 55），江西省圖書館藏光緒二年文起堂重刻本影印，第 534 頁下。

强行禁酒，制止羣飲：拘留殺頭

而對於那些頑抗抵制君王之禁酒令、依然不斷聚衆羣飲的不法之徒，周公則採取最嚴厲的措施予以懲處。他對康叔説：

厥或誥曰："羣飲。"汝勿佚。盡執拘以歸於周，予其殺。

厥，如果，假如。或，有人。曾運乾説："或之言有也。"[①] 誥，通告，指告發，報知，檢舉。周秉鈞稱："言有告發羣飲，汝莫放過。全部逮捕送到周京，我將殺之。"[②] 佚，孫星衍曰："佚與失聲相近，《説文》：失，縱也。"[③] 曾運乾亦作：失也，縱也。張道勤則作：放過（他們）。[④] 盡，都，全部。執，抓獲。《春秋公羊傳·閔公元年》："莊公存之時，樂曾淫于宫中，子般執而鞭之。"《左傳·昭公七年》："執人于王宫，其罪大矣。"

---

① 曾運乾：《尚書正讀·酒誥》，第190頁。

② 周秉鈞：《尚書易讀·周書·酒誥》，第180頁。

③（清）孫星衍：《尚書今古文注·酒誥》，北京：中華書局，1986年，第383頁。

④ 張道勤：《書經直解·酒誥》，杭州：浙江文藝出版社，1997年，第120頁。

拘，于省吾說："按其字形應當寫作'㗊'，當爲'訊'之正字。"[①] 其義則爲押解，逮捕。歸，送交。周，指周之都城。其，將要。殺，殺死。周初嚴禁羣飲，違者格殺。

曾運乾說："周初嚴羣飲之禁"，[②] 並引《周禮·秋官·萍氏》"掌幾酒"，[③]《夏官·司暴》："掌憲市之禁令，禁其屬游飲食於市者。若不可禁，則搏而戮之。"頂風作案、違禁而喝酒、聚衆羣飲而被殺頭的，可能並不鮮見。按照孔安國的注解，對於違背禁酒令的人，周公賦予康叔以拘捕、收監的權力。如果誰告訴你康叔，有"民羣聚飲酒"，那麼，你就"不用上命"了，直接可以"收捕之，勿令失也"。從衛國到京師路途遙遠，專程匯報耽誤時間，所以，對那些聚衆羣飲的人必須立即强行拘捕，毋使滋生更大的酒亂。

僅從周公這次勸導的字面含義上分析，當時康叔是没有殺人的權力的，聚衆羣飲的死刑犯需要經過周公的核准與確認，

---

① 顧頡剛、劉起釪：《尚書校釋譯論·酒誥》（第 3 册），第 1412 頁。

② 曾運乾：《尚書正讀·酒誥》，第 190 頁。

③ 校之於《周禮·秋官·萍氏》，原文應爲"萍氏：掌國之水禁。幾酒，謹酒。禁川遊者。"其引《夏官·司暴》也應爲《地官司徒·司虣》，其文曰："司虣：掌憲市之禁令，禁其鬥嚻者與其虣亂者、出入相陵犯者、以屬遊飲食於市者。若不可禁，則搏而戮之。"引文分別見陳戍國點校：《周禮》，第 106、40 頁。

而且執行死刑的地點也只在京師而不在衛國。“盡執拘羣飲酒者以歸於京師，我其擇罪重者而殺之”。[1] 對於違抗禁酒令的羣飲者，周公是要全部殺掉的。但孔安國的注解卻說只是選擇性地殺人，罪重的殺，言下之意，情節較輕的一般違抗者就算了，姑且留下一條活命。因而，看似他忽略了一個“盡”字，其實遮蔽了周初政治、軍事鬥爭形勢的嚴峻性和法規執行的嚴厲性和嚴肅性。

因爲特殊的政治、軍事鬥爭形勢所逼，所以在周初時代，羣飲幾乎便等同於一種集體犯罪行爲。張居正曾站在統治集團的立場上分析指出，當時大凡那些“成羣相聚飲酒的”人，都是值得懷疑和警惕的。“此等的民，必是有所謀爲朋興作姦，比之尋常縱酒者不同”，那些前殷遺民不時會找一些藉口聚衆集會，企圖做一些威懾周王政權的邪惡勾當，他們絶不是一般的好酒之徒，毋寧始終懷有不可告人的政治目的，絶不能掉以輕心。“汝卻不可輕縱了他，都械繫來京，我其殺之，而不赦”。周公要求康叔絶不縱容這些人的圖謀不軌與負隅頑抗，應該把他們統統押解到京師來，由我本人親手處決。“蓋人欲

---

① （漢）孔安國，（唐）孔穎達：《尚書正義·酒誥》，《十三經注疏》（標點本），北京大學出版社，1999 年，第 382 頁。

爲不善，最患其黨與衆多，則爲害必大”。人一旦有了想做壞事的心，其付諸行爲的誘發性因素往往都潛藏在集體無意識行爲之中。從衆的危害是巨大的，甚至經常還找不到最初的責任承擔者。“而酒食乃聚黨合衆之資，故羣飲者必誅，所以遏亂萌也”。[①] 聚衆集會的時候，具有表現欲的人們原本就容易情緒高昂，盲動的人羣已經陷入集體非理性，這時，如果有酒的出現，則更容易成爲暴力、惡性事件的導火索，實在是不可不謹慎啊！

這裏的“予其殺”，楊文彩引“東坡曰：予其殺者，未必殺也。猶今法曰：當斬者，皆具獄以待命，不必死也。然必立死法者，欲人畏而不敢犯也”。[②] 因爲喝酒而丢官、罷職還可以接受，古今皆不乏具體案例，至於以法律爲由要飲酒者喪身、奪命，人爲地再放倒一個生靈，則顯得太過分了。儒家立法之目的，警示意義永遠大於刑殺懲處，教育爲主，刑殺爲輔，國法律條最大的用處就是懸而不用，只起到震懾效果也就足夠了。所以，指望古今儒家開闢出所謂法治維度和法治社會，肯定是

① （明）張居正：《書經直解·酒誥》，見《四庫全書存目叢書》（經部 50），故宫博物院圖書館藏明萬曆刻本影印，第 251 頁上。

② （明）楊文彩：《楊子書繹·酒誥》，見《四庫全書存目叢書》（經部 55），江西省圖書館藏光緒二年文起堂重刻本影印，第 535 頁上。

不現實的。儒家的社會治理路線一向偏重於道德倫理，然而這個世界上的許多事情和許多問題卻並不是僅僅通過道德倫理就能夠應付和解決的，還必須借助於政治、法律、經濟、軍事、武力等手段纔可以搞定或擺平。任何把複雜、系統的社會治理手段單一化、途徑一元化的想法和做法都是不明智的，甚至是可笑的，最終都將難免於碰壁受阻，或者頭破血流。

明人朱朝瑛《讀尚書略記》曰："羣飲者，非必爲姦惡，其形迹可疑也。罪之輕重，不得著爲令，故犯者執以上請'予其殺'者，擬議之辭。當時周室初定，頑民尚多，劼、毖之後，乃有無故而羣飲者，不有嚴刑以制之，恐疾恨之心，漸不可測也。既又思紂夫其道實導諸臣工，以爲此其湎於酒，亦積習使然，未必有他姦惡，則不可以遽殺，姑教之以飲酒之禮，如養親則飲，羞耇則飲，饋祀則飲，名教之中自有如此之明享也。"[①] 這裏，朱朝瑛顯然是把"予其殺"的對象當作前殷遺臣或"玩民"了，周公如果不採取强硬措施則勢必埋下顛覆周室政權的禍根。"革除舊弊，不能不嚴"。[②] 好在周王的政策還是

① （明）朱朝瑛：《讀尚書略記·酒誥》，見《四庫全書存目叢書》（經部55），浙江圖書館藏清鈔七經略記本影印，第260頁下。

② （清）廖平：《書中候弘道編》，見舒大剛、楊世文主編：《廖平全集》（第3册），上海古籍出版社，2015年，第355頁。

比較人道的，前殷遺民本質上也並不是姦惡之徒，只不過曾經深受紂王聚飲、嗜酒的影響，積習難返而已，所以纔先用“養親則飲”、“羞耇則飲”、“饋祀則飲”之類的酒禮加以引導和教育，努力使之改邪歸正。而對於實在改悔不了的，仍然“無故而羣飲”的人，則只有用嚴刑予以伺候了。這種辦法很能夠體現儒家一以貫之的治理路線和仁道精神。

至於押到京師由周公親自處決的對象，究竟是周族自己的人呢，還是前殷之遺老遺少呢？朱駿聲《尚書古注便讀》稱：“此指周之衆臣中有此者，康叔不得專殺，故執以歸周也。”① 顯然是周族自己人，周王分封到衛國去的王族與官吏，而不是下文提到的、需要跟周族子孫區別開來予以對待的“殷之迪諸臣惟工”。周公正法，要令行禁止，故須“主民之吏”自己先執行，“正身以帥民”；② 也須先正周人自己，然後再去正前殷遺民，這樣，周王的法規律令纔會有說服力和震懾力。同族人犯罪，一定要慎開殺戒，非成熟、老練的政治領袖是掌握不了分寸尺度的，而如果一旦發生內訌，又危及政權穩定，則得不

① 轉引自顧頡剛、劉起釪：《尚書校釋譯論·酒誥》（第3册），第1413頁。

② （漢）孔安國，（唐）孔穎達：《尚書正義》，《十三經注疏》（標點本），北京大學出版社，1999年，第383頁。

償失。

對於殷臣，有教有殺，區別懲處

周公告誡康叔："又惟殷之迪諸臣、惟工，乃湎於酒，勿庸殺之，姑惟教之，有斯明享。乃不用我教辭，惟我一人弗恤，弗蠲乃事，時同於殺。"

惟，考慮到。迪，進用，輔佐。但臧克和說：句中語助也。惟，與，和。迪，《釋詁》：進也。曾運乾斷句：又惟殷之迪，諸臣、惟工，乃湎於酒……並解"迪"爲"蹈也"，而"惟殷之迪"則"猶言蹈殷家惡俗也"。[1] 工，周朝之官吏。乃，如果。庸，《說文·用部》：用也，從用從庚。臧克和《校詁》說："庸字在古書中常與'勿'、'無'、'弗'等否定副詞連用，表示無需、用不到，猶《左轉·隱公元年》：'公曰：無庸，將自及'之無庸。"[2] 姑，且也。教，教育，感化。斯，是，此。臧克和作：語助詞。明，明確，明顯。享，進獻，《易·隨》：享於西山。引申指告誡之優待。臧克和：明享，古成語，《服尊》銘文有"服肇溯夕明享"。又，"明享即盟享，指祭祀言。《釋

① 曾運乾：《尚書正讀·酒誥》，第190頁。

② 臧克和：《尚書文字校詁·酒誥》，上海教育出版社，1999年，第349頁。

名》：盟者，明也。告其事於神明也”。曾運乾：享通嚮，“威福著明，則曰明嚮明威”。乃：卻。用，遵從，聽從。教辭，告教之言，告誡之辭。惟，於是，則。恤，《說文·心部》：憂也。指顧念，憐惜。蠲，《爾雅·釋言》：蠲，明也。曾運乾、張道勤均解作：潔也。引申指免除（罪過）。弗恤，弗蠲，《太炎先生尚書說》以爲，“當爲一句”，而“弗恤弗蠲，即《孟子》所謂不屑不絜。所不屑者何？謂不屑再教，亦即《孟子》言不屑之教誨所本”。[1] 事，行爲。時，是，指這樣的人。

按照孫星衍的解釋，對於前殷遺民聚衆喝酒的懲處，應當分清兩種情況：

一種是“當思惟殷進用之臣工，俱沈於酒，民俗染之，我勿用爲罪，且先教之，又分析其羣飲之故，或由享祀，則勿罪原之”。周公盛德，宅心仁厚，還是願意把人往好處想的，對於那些現在已經被周室所錄用的前殷官吏，即便他們一時沉溺於酒、聚衆狂飲，滋事生非，敗壞了民間風俗，也不要馬上治罪，而是暫時先予疏導、教育。與之同時，也要認真、仔細剖析他們羣飲狂歡的原因，或許是出於祭祀神祖的需要吧。但這種托詞似乎又有點說不通，即便是他們祭祀自己的神祖，也不應該喝得爛醉，

① 諸祖耿整理：《太炎先生尚書說·酒誥》，第136、137頁。

更不應該整天被酒所困，而耽誤了處理日常政務。

而另一種則是，孔穎達《正義》曰："汝若不用我教辭，惟我一人天子不憂汝，不潔汝政事，是汝同於見殺之罪，不可不慎。"周公的這一句話似乎是針對康叔的，其實倒也不妨理解成周公借康叔的口氣直接教導他如何對殷民轉告禁酒、戒酒、止酒的王命，你對殷臣可以就像我這麼說嘛。假如"汝不用我教令，我不能收恤汝，汝又弗潔乃政事，是同於放殺之罪"。① 對於那些拒不遵從周王禁酒令的前殷遺民，並且還耽誤了做好本分職事，則根本不必體恤、顧念他們，可以一律斬殺，以警衆人。②

---

① （清）孫星衍：《尚書今古文注・酒誥》，第 383 頁。

② 關於"乃不用我教辭，惟我一人弗恤，弗蠲乃事，時同於殺"一句的對象究竟指前殷遺臣，還是指康叔本人，頗有異議。孔穎達《正義》以爲指康叔，林之奇《尚書全解》以爲指"殷的諸臣"。游喚民則捍衛孔穎達，以爲"顯然是周公對康叔的口氣，而不是對殷諸臣的口氣，因殷諸臣不存在'乃不用我教辭，惟我一人弗恤，弗蠲乃事'的問題"，並且，"《酒誥》全文是周公命康叔宣布戒酒之令，又告康叔以戒酒之重要性和戒酒之法，其整個是對康叔的告誡，故'不用我教辭'當然是指康叔，這是從反面理論的"。見游喚民：《尚書思想研究》，長沙：湖南教育出版社，2001 年，第 235 頁。但這樣的解釋顯然又没有注意到"時"字，並且，憑藉周公與康叔的和睦關係、手足之情以及其對康叔委以治理衛國、馴服殷民之重任的政治信任和能力信任，"時同於殺"一句不應該是他對康叔的施壓和恐嚇之辭。周公對這位兄弟的態度絶不至於如此强硬，毋寧是在親口教康叔如何嚴厲訓令前殷遺民禁酒、戒酒和止酒。

這兩種情況之間，有違禁輕重程度的不同，需要理性區分。所以孔穎達疏曰："法有張弛"，須"據意不同"，而"殺否有異"，判什麽刑、量什麽刑還得看犯罪動機與主觀出發點，差別對待，不能一概而論。更何况，"飲有稀數，罪有大小，不可一皆盡殺，故知'擇罪重者殺之'"。宗周政權正要用人，全部殺光，也不是辦法。

但孔安國對周公"我勿用爲罪"則有另一番解釋。"又惟殷家蹈惡俗諸臣，惟衆官化紂日久，乃沉湎於酒，勿用法殺之"。[1] 前朝舊臣，因爲浸淫在紂王治下時間太久，長期嗜酒、酗酒，無酒則没法生活，等到他們降周之後，一時半會兒竟然還改不了老毛病和壞習慣。曾運乾也説："言又有殷之諸臣與工，爲紂所化而嗜酒者。姑惟教之，與之更始。"[2] 對這些人來説，突然一聲令下讓他們戒酒、斷酒，顯然是有不小難度的，一旦操之過急，反倒會在人羣中引起不必要的恐慌和騷亂，給新生的周人政權製造對立和麻煩，如果直接威脅到統治基礎，那就很不值得了。這樣，我們便可以理解周初諸王實施"爲政

① （漢）孔安國，（唐）孔穎達：《尚書正義》，《十三經注疏》（標點本），北京大學出版社，1999年，第382頁。

② 曾運乾：《尚書正讀·酒誥》，上海：華東師範大學出版社，2011年，第191頁。

莫重於斷酒”的困難了。

沿著孔安國的理解思路，孔穎達顯然也已經充分注意到了在禁酒處罰方面，前殷遺臣與康叔治下的民衆的重要區分。“殷之諸臣，漸染紂之惡俗日久，故不可即殺”，嗜酒酗酒，商末君臣都有罪過，但紂王必須負主要責任，臣下官吏其實也是受害者。而到了現在，周人當政，没有“三申法令”，不經歷一個“且惟教之”的改造過程，他們是不可能轉變成周王之順民的。教之功，儒家一直是不缺的。再硬的石頭，再多的棱角，只要有時間，都可以給你慢慢磨光，不怕感化不了你。

儒家之政治統御，雖然一向重視教化，但從來不專任於教化，它還有整肅、刑殺的要求和功能，當殺則殺，不留情面。教可立德，殺可立威。董仲舒説：“當德而不德，猶當夏而不夏也”，同樣，“當威而不威，猶當冬而不冬也”。[①] 至於“衛國之民”，在孔穎達看來，因爲他們是“先非紂之舊臣，乃羣聚飲酒，恐增長昏亂”。顯然，周政對原先的衛國臣民就没那麼

① （漢）董仲舒：《春秋繁露·威德所生》，聚珍版刻本影印，上海古籍出版社，1989年，第97頁。董仲舒關於德刑與四時的陰陽對應關係與發生原理，可參閱余治平：《唯天爲大——建基於信念本體的董仲舒哲學研究》之9.3“爲政之本：‘任德而不任刑’”部分，北京：商務印書館，2003年，第424—437頁。

客氣了，周王、甚至康叔本人就可以“擇罪重者殺之”，[①] 而絶不心慈手軟。“棄我教令，予無所恤”。[②] 封國之内，莫非周民，一統江山的局面下，就應該一聲喊到底，没有任何討價還價的餘地，否則帝王的權威和尊嚴哪裏來，又如何纔能有效樹立起來呢？所以，周王之令當暢行無阻，如有違拗，則一律嚴懲不貸，誰都不要喊冤叫屈。

“司民之人”不可貪杯，“正身以帥民”

王曰：“封，汝典聽朕毖，勿辯乃司民湎於酒。”

典，《釋詁》：常也。指經常、時常。毖，《廣韻》：告也。《釋詁》：敕也。指告誡。辯，《釋詁》：使也。曾運乾作“俾也”。引王念孫曰：“辯之言俾也。《書序》：‘王俾榮伯作賄肅慎之命。’”俾，使也。司，主。曾運乾作“治也”。司民，即治民之官。湎，沉溺於。

周公告誡康叔，你“當常常聽我敕，勿使司民之人沈於酒

① （漢）孔安國，（唐）孔穎達：《尚書正義》，《十三經注疏》（標點本），北京大學出版社，1999 年，第 382、383 頁。

② 曾運乾：《尚書正讀·酒誥》，上海：華東師範大學出版社，2011 年，第 191 頁。

也”。[1] 在周政勃興之初，役使人民的官吏最應當勵精圖治，克儉恪守，是不可以沉溺於酒的。按照顧頡剛、劉起釪的說法，周公甚至爲康叔制定出了非常具體的禁酒“政策”，即“凡周的官員一起飲酒必殺，殷的舊臣百官飲酒可以不殺，進行教育就行了，教而不改的纔殺，嚴誡康叔封所派出的治民官絕對不許酗酒。”並且，這一做法是爲了“全力防止周族的腐敗”。

對待前殷舊臣，“寬猛相濟，先教後誅”，這是“周公的政治方案”之一，頗能夠體現出懷柔、安撫的政策傾斜。殷人若能感念並轉化爲戒酒行動則最好，但如果把客氣當福氣，變本加厲地沉溺於酒，不斷酒、不戒酒而惹是生非，敗壞整個周人的世風民俗，那就後患無窮了。所以，對於那些嗜酒如命、頑固不化的殷人，也要殺，不殺不足以形成新興政權的震懾力。周王及康叔“對殷人尚可寬”態度的翻轉，則是“對周人必須嚴”，[2] 禁酒不能只針對前殷遺族，而必須從周人自己的官吏開始抓起。

儒家一向重德，所以很早就強調爲政者必須修身。儒家也

---

① （清）孫星衍：《尚書今古文注·酒誥》，北京：中華書局，1986年，第383頁。

② 顧頡剛、劉起釪：《尚書校釋譯論·酒誥》（第3册），第1414、1418頁。

非常相信修身的力量和效果完全可以發散到家庭、家族、社會，可以放射到國家、天下。《論語·顔淵》中，孔子直接對季康子説："政者，正也。子帥以正，孰敢不正?"君王有没有修身以及修身的好壞，直接關係著家、國、天下的安危。程樹德説："一身正而後一家正，一家正而九族之喪祭冠昏皆正，由是而百官以正，吉凶軍賓嘉官守言責亦正，而萬民亦無不正矣。"[①] 君王不正，則百官不正。百官不正，則百姓何以正?《禮記·哀公問》：公問："敢問何謂爲政?"孔子對曰："政者，正也。君爲正，則百姓從政矣。君子所爲，百姓之所從。君所不爲，百姓何從?"朱彬注曰："君當務於政"，[②] 依然只從外解，於其内則應當是"君當務于正"，修身决定爲政。

周公在這裏也强調，"司民之人"不正則天下不正。中國的任何朝代，官風的好壞都在很大程度上决定著民風的好壞。在周初，如何汲取商紂王滅亡的教訓、不使新興政權因爲酒而玩物喪志、誤入歧途是周王意識形態管理的一項重要使命。因而他們對酒能夠保持一種高度警戒的心理，西周前期的《大盂鼎》曰："丕顯文王受天有大命，……在雩御事，徂酒無敢

① 程樹德：《論語集解·顔淵下》，北京：中華書局，第996頁。
② （清）朱彬：《禮記訓纂·哀公問》，北京：中華書局，1996年，第741頁。

酖。”西周後期的《毛公鼎》曰:“善效乃友正,毋敢湎於酒。”[①] 周人當政的最初三百年,各代王者始終都没有改變立國之初的那種勤勉敬業、百般謹慎的心理狀態。在周公,治國先治官,禁酒先禁官,“勿辯乃司民湎於酒”則是實施斷酒、禁酒、止酒的首要環節,很得要領。“司民之人”,或“主民之吏”應當“正身以帥民”,[②] 率先“不湎於酒”,纔能在全社會形成一種斷酒、戒酒、謹慎喝酒的良好風尚。儒家一向强調當權者修身對國朝政治的決定作用,儒家也一向重視最高君王對文武百官的示範效應,更一向重視整個官僚階層對黎民百姓的行爲影響。身教,是儒家對於仁人君子的一貫要求。在喝酒這方面,官不禁則民不禁,官不戒則民不戒。一如明人史維堡所指出的那樣,“酒戒不嚴於臣,則酒禁不行於民。蓋民之視效在於有司,劼毖不嚴,賞罰無典,欲禁民湎酒,孰從而聽之?”[③] 在衛國,康叔禁酒則百官禁酒,但如果“司民之人”崇飲,百姓則一概嗜酒如命。

---

① 參閱顧頡剛、劉起釪:《尚書校釋譯論·酒誥》(第3册),第1418頁。

② (漢)孔安國,(唐)孔穎達:《尚書正義》,《十三經注疏》(標點本),北京大學出版社,1999年,第383頁。

③ (明)史維堡:《尚書晚定·酒誥》,見《四庫全書存目叢書》(經部53),溫州市圖書館藏明崇禎八年刻本影印,第350頁上。

對於百姓，周代專設“萍氏”一官，其工作職責之一就是爲了防止民間發生酒亂。《周禮·萍氏》曰：“萍氏：掌國之水禁。幾酒，謹酒。禁川遊者。”[①] 水禁，鄭玄注曰：“水中害人之處及入水捕魚鱉不時。”幾酒，鄭玄注曰：“苛察沽買過多及非時者。”孫詒讓《正義》曰：“謂民自買酒於市也。”[②] 謹酒，鄭玄注曰：“使民節用酒也。”賈公彥疏曰：“戒謹慎於酒。”孫詒讓《正義》曰：“戒敕民，使謹慎於飲酒。”禁川遊者，鄭玄注曰：“備波洋卒至沉溺也。”賈公彥疏曰：“浮游不乘橋船，恐溺故禁之也。”[③] 萍氏之官掌握國中水禁的内容與範圍大致包括：(1) 禁止人們趟涉水中危險之處。(2) 禁止人們在魚蝦鱉蟹繁殖的季節下水捕撈。[④] (3) 稽查民間的酒買賣，杜絶和查處非喜慶的日子買酒、喝酒現象。(4) 引導百姓謹慎用酒。(5) 禁止人們在大河裏游泳，防止發生安全事故。朝廷對百姓禁酒、慎酒都已經如此嚴厲了，對“司民之人”的官員要求則應該更高，勿“湎於酒”，已經是最基本的底線了。

---

① 陳戍國點校：《周禮·秋官·萍氏》，第106頁。

② (清) 孫詒讓：《周禮正義·秋官·萍氏》(第12册)，第2906頁。

③ (漢) 鄭玄，(唐) 賈公彥：《周禮注疏·秋官·萍氏》，阮刻《十三經注疏》影印本，上海古籍出版社，1997年，第885頁中。

④ 參閱吕友仁：《周禮譯注·秋官·萍氏》，第495頁。

附錄一　商周酒禁忌中的王權合法性問題

——《酒誥》篇的經學詮釋與政治哲學考察

酒與政治的關係撲朔迷離，酒之於帝王，能成事，也能敗事。成事者如趙匡胤的“杯酒釋兵權”，觥籌交錯之間朝綱獨攬到手；敗事者如項羽在“鴻門宴”上，烈酒下肚，一時行婦人之仁而引來後患無窮。而敗事最甚、以至於亡政滅國者，則爲紂王。鑒於紂王嗜酒成性所導致的災難性後果，周初諸王對酒的飲用都予以了嚴厲管控。《周書·酒誥》篇記錄了攝政王周公對康叔、周族王室子孫及前殷遺臣戒酒、禁酒、止酒的苛酷訓令。經由“祀茲酒”、“無彝酒”、“以德自將”、“慎酒立教”、“作稽中德”、“克羞饋祀”、“自介用逸”等層面之剖析，凸顯出周王對酒所完成的道德建構、禮法規約和價值賦予。透過殷王成德、皆不崇飲與紂王荒腆於酒而引起人神共憤的反差，而闡明酒在上古中國的政治禁忌。周公制《酒誥》，把酒與王權合法性，即政權繼承與治權管理的合道義性、正統性和適當性，有機聯繫起來，警以酒害，目的就是要促成衛國及周室天下政治秩序的穩固與安定。

一　王權轉移的天命邏輯：“周以止酒而受天命”

對於一個纔誕生不久的王朝而言，向世人展現並證明新興政權的合法性是意識形態管理的頭等大事。周人建政，必須提供一套有效的天命解釋系統而回答爲什麼能夠推翻殷人統治這個首要問題。攝政王周公對剛剛分封於衛國的康叔說：“我西土棐徂，邦君、御事、小子，尚克用文王教，不腆於酒。故我至於今，克受殷之命。”周公在這裏顯然試圖通過周人雄起勃興的過程、通過家族史的創業故事而說服康叔戒酒。西土，謂岐豐，指周的故土岐周及所轄屬國，地理位置偏遠、險僻。但上蒼並不是因爲周原的區位優勢纔賦予周人以統御天下的天命，曾運乾說：“公言‘我西土棐徂’者，蓋當時殷民以岐道險遠，僻在西垂，故得乘高屋建瓴之勢而克殷。公曰在德不在險，我西土並非絶遠。因邦宗室，不厚於酒，故得殷命。”（參見曾運乾，2011 年，第 186、187 頁）如果僅僅有位居“西土”、偏僻邊陲、高處俯瞰、便於向東長驅直入之類的地理優勢，周人就可以滅殷商了，那麼周人爲什麼没有早早這麼做呢，殷商又何必等到今天纔消亡呢？而實際上，周原並不算偏遠之地，也没有什麼險峻地形可以憑藉，唯一依賴的只是先王的德性品格和善行積累。周人贏得天下之原因"在德"而"不在險"，從地理條件上找理由顯然是緣木求魚而不得其正解。"周以止酒而受天命"，不抬出天命則不足以使人信服，這是古代中國王權更替的最好理由，也最具有號召力和動員力，而這個天命則又恰好體現在酒的禁忌上。跟前殷王朝相比，周人整個宗室的一個最大優點便在於能夠做到"不厚於酒"。所以，正是在斷酒、戒酒、禁酒這一點上，周人打敗了殷人。沉溺於酒，突破酒禁忌，或許就是壓死殷商王朝的最後一個稻草，或許成爲上蒼剝奪殷人天命而實現殷、周王權轉移最直觀的一個理由。

在《酒誥》中，周公成篇累牘都在勸導斷酒、戒酒，竭力呼籲人們止酒，所以便不得不把話説得重一點，不得不把殷滅周興的原因和責任統統歸結到酒的身上，這是意識形態的一種需要，也是教化民衆的一種需要，話必須這麼説纔能有分量，纔能夠起到作用。難道周公不知道軍事武力的重要，難道周公不知道政制、決策、經濟基礎與民心所向的重要嗎？難道周公就不曉得作爲一個中性之物的酒原本無善無惡、無功無罪而只在乎什麼人使用以及如何使用的道理嗎？非也。周公其實是很懂得"立教"的功能與作用的。他只有這麼説，纔有效果，纔有影響力。酒道設教的那一套技法，已經被周公運用嫻熟。

孔安國《傳》曰："我文王在西土，輔訓往日國君及御治事者、下民子孫，皆庶幾能用上教，不厚於酒。言不常歡。"周公回憶文王曾經在西邊的周之故地諄諄教誨過周邦當時的封國諸侯、大小級別的官員、普通百姓以及他們的子孫，要求他們牢記不准喝酒、不沉溺於酒的叮囑。他們大致上也都能夠聽從這個最高勸誡，没有經常飲酒滋事，没有給周王勃興大業帶來麻煩，"慎酒之教"可謂暢通，一聲令下還能夠喊到底。所以，也纔創造出宗周小族勝大邦、最終滅掉强殷的政治奇迹。

周人篤信天命，王權更替的合法性源於天命，這從《周書》各篇到新近出土的竹簡都有所體現。《召誥》曰："皇天上帝，……惟王受命"，王命一定來自天授。及至戰國時期則呈現出認知天命的思潮，郭店楚簡《語叢一》曰："知天所爲，知人所爲，然後知道，知道然後知命"，（參見《戰國楚墓竹簡》，荆門市博物館，1998 年）則試圖在天、人、道、命之間尋找必要的意義關聯。《酒誥》中，周公說："我周家至於今能受殷王之命"，誰言酒事小，杯中繫天命。酒與政治統御負相關的程度，怎麼說都不爲過，連政權合法性的終極根據——天命，都要拋棄那些沉溺於酒、以酒亂政、以酒亂國的君臣，而垂青於那些"無彝酒"、"以德自將"、"作稽中德"、"不腆於酒”的兢兢業業者。宗周的江山不是靠周族自己硬去爭取就能爭取到手的，也不是上蒼無緣無故掉餡餅就直接賜予周人的，而是以紂王爲首的殷商君臣一夥自己通過嗜酒、酗酒和惡政、暴政而拱手相讓出來的。所以，這纔導致《多士》篇所説："惟時上帝不保，降若茲大喪。”及至我周興起，文王之爲人，“篤仁，敬老，慈少”，其爲政“禮下賢者，日中不暇食以待士，士以此多歸之”，故其“積善累德，諸侯皆向之”，相比於紂王，“西伯蓋受命之君”。所以，殷商亡政，不必怨天尤周，只能怪自己不爭氣。

於是，中國古代歷史上，酒在政權交替過程中所發生的負面作用第一次引起重視並被清楚地凸顯了出來。《酒誥》中，酒開始與天命相關聯，甚至被賦予了天命的性質特徵。明人李楨扆《尚書解意》曰："酒之作，由於天命，固當究其源而不可用矣。然酒之禍出於天威，可不思其害而所戒備乎?”（參見《四庫全書存目叢書》（經部 55），1997 年，第 820 頁上）酒之作，因爲天命；酒之禍，因爲天威。僅從表面上看，酒的禍福災樂都由於天，其實無一不是人的行爲結果，無一不是人自己所必須承擔的道義責任。所以，酒雖爲神賜之物，但也是不祥之物，全在乎我們人的使用。一個淹没在酒裏的王朝註定是走不遠的。周公之所以如此嚴厲地勸誡康叔，孔穎達曰："恐嗜酒不成其德，故以斷酒輔成之。”（參見《尚書正義》，第378頁）對於意識力不强的人而言，既然嗜酒容易走偏失德，那就必須禁酒、止酒，態度堅決而毅然。周公的《酒誥》可謂因材施教，並不是一刀切。對“嗜酒”如命者，當“斷酒”；對君王之事業有成者，則“無彝酒”；對王族子孫與百官，“祀則酒”；而對所有人，則都要求“作稽中德”。因人而異，把握分寸。這樣纔可以讓酒之立教切實可行而深入人心。

二　王權統治合法性的道德根據：殷王成德，皆不崇飲

儒家往往並不規定政治何爲，但始終强調政治應當如何，對政治行爲的屬性、基礎、原則、價值進行明確的道義賦予和天理滲透，因而經常呈現爲具有一定理論高度的政治哲學。[①]不觸犯酒禁忌是君王修身、治政的基本要求，適用於任何王朝，不單表現在周王身上，前殷諸王亦然。攝政王曰：“封，我聞惟曰：‘在昔殷先哲王，迪畏天顯、小民，經德秉哲，自成湯咸至於帝乙，成王畏相。惟御事，厥棐有恭，不敢自暇自逸，矧曰其敢崇飲？越在外服，侯、甸、男、衛邦伯；越在内

① 不過，儒家的政治哲學並不提倡作完全抽象思辨的形上敘述，而只善於在基於事、在事中的議論。故《史記·太史公自序》稱孔子編纂《春秋》的最初動因是，“我欲載之空言，不如見之於行事之深切著明也”。

服，百僚、庶尹、惟亞、惟服、宗工，越百姓里居，罔敢湎於酒。不惟不敢，亦不暇。惟助成王德顯，越尹人祇辟。’”

殷商先前的君王都頗有敬天畏民之心。吕祖謙《書説》稱：“商王之興，蓋以是道而畏天畏民。”孔安國《傳》曰：“殷先智王，謂湯蹈道畏天，明著小民。”湯王英明，遵循大道，敬畏天神，能夠用良好美善的道德教化民衆。古文《尚書》有《微子之命》篇，“乃祖成湯，克齊、聖、廣、淵，皇天眷佑，誕受厥命。撫民以寬，除其邪虐，功加于時，德垂後裔”。殷帝成湯聖明通達，志意恢弘，識見精深，功勞施於當世，美德惠及後代。“能常德持智，從湯至帝乙中間之王猶保成其王道，畏敬輔相知臣，不敢爲非”。湯以下的各代商王，直到帝乙，這些“先哲王”總“以戒酒而能長享國祚也”，（參見曾運乾，2011年，第187頁）不僅有德性修養，而且還非常理性、智慧，敬畏輔臣，自律自約，絲毫不敢爲非作歹。《多士》篇中，周公也説，“自成湯至於帝乙，罔不明德恤祀，亦惟天丕見保乂有殷。殷王亦罔敢失帝，罔不配天其澤”。君王如果能夠始終保持一種“明德恤祀”、“配天其澤”的虔誠心態，上蒼總歸會予以眷顧和關懷，不會不賜予天命。“惟殷御治事之臣，其輔佐畏相之君，有恭敬之德，不敢自寬暇，自逸豫”。君上對臣下存有敬畏之意，臣下也便能夠勤勉、精心地輔佐君上，於是便形成一種良性回圈的君臣關係，這就是三代聖王之治的典範，一直爲後世儒家所津津樂道，甚至夢寐以求。

這些君臣“自暇自逸猶不敢，況敢聚會飲酒乎？明無也”。他們都是很敬業的，連放鬆自己都不敢，更沒有什麽享樂主義，因而不可能聚衆喝酒，狂飲大嚼。内服、外服的官吏没人沉溺於酒，既不敢，也没空。朝廷上下，風氣很正。孔安國說，“所以不暇飲酒，惟助其君成王道，明其德於正人之道，必正身敬法，其身正，不令而行”。（參見《尚書正義》，第378頁）這裏，不喝酒已經被上升到一種“正人”、“正身”的高度而予以重視和强調。對於殷商早期的君臣官吏而言，禁酒、戒酒不僅是正人、正身的道德需要，而且也是遵守法度、嚴以自律的表現。《孟子・離婁下》曰：“君仁莫不仁，君義莫不義。”趙岐注曰：“君者，一國所瞻仰以爲法，政必從之，是上爲下則也。”孫奭疏曰：“君以仁義率衆，孰不順焉，上爲下效也。孟子謂國君在上，能以仁義先率于一國，則一國之人莫不從而化之，亦以仁義爲也。”（參見《重刊宋本孟子注疏附校勘記》影印本，第143頁上、下）君王居處尊位，自身有仁義德性，便可以爲天下人提供榜樣，“則”的力量是無窮的。

早期儒家一直試圖借助於政治威權的影響和勢能下行的連

發作用而開闢出人人君子、天下有道的清明局面，所以非常精通抓綱挈領的技巧和手法，因爲“覺君行道”成本最低，以上帶下，一呼萬應，費力最小，效果最好。然而，千餘年下來卻發現，儒家只把工夫主體聚焦於位於權力金字塔頂端的皇帝或少部分精英分子，把希望都寄託於他們的發善心、行仁政，可最終卻發現，世道並沒有獲得根本性好轉，每朝每代，仗還是照樣打，人還是照樣殺，社會依然那麼亂。直至明正德元年王陽明“龍場悟道”之後，儒家纔開始意識到必須趁早改變和糾正作用力的方向，而大規模地致力於“覺民行道”。原來，皇帝也不是個個都靠得住的，天下有道還得靠天下人自身的努力纔行，每個人自己都是德性塑造和仁道建構最主要、也是最真實的主體。至於在現代社會裏，讓每個道德主體自己覺悟過來，主動並發自內心地積極修爲，纔是仁義化成的正當途徑。所以，王陽明的“龍場悟道”應該成爲儒學自我啓蒙、儒學進入現代社會和現代世界的一大標誌性事件。

孔穎達直接承續了孔安國的解經思路，也以爲周公“舉殷代以酒興亡得失而爲戒”，成湯，作爲前殷“智道之王”，一向“於上蹈道以畏天威，於下明著加於小民，即能常德持智以爲政教”。顯然，“常德持智”，長期堅守德性標準、持有理性智慧，已經從殷王個人的道德修養的工夫要求，推擴爲整個邦國政治教化的一項重要内容。“以道教民，故明德著小民”。中國“政教合一”的傳統由來久遠，政統與學統、道統始終糾纏在一起，當政者相信，老百姓的好是君上、羣臣、百官教育出來的結果，也相信精英階層言傳身教的社會作用與影響。當政者、政策執行者的肩上既有治理國家的責任，也有教化萬民的義務。其個體的德性修養必然滲透到政策實施與操作的具體過程，因而會非常真切地影響行政效率和政治效果。儒家一向善於用道德對國家治理實行全方位的圍剿和無死角的包抄，進而形成一種極爲强大的德治傳統。從《尚書》時代以來的中國，它便一直在不斷固化和提升。實際上，喝酒行爲一旦被過多地摻進意識形態的成分，則必然變得沉重不堪。

從成湯到帝乙，有殷一朝不但君上的謹慎、憂患意識非常强烈，其在行動上也能夠做出表率，而且，臣下做事也都很敬業，克勤克儉，絲毫不敢懈怠，酒禁忌的正面效用獲得最大程度的發揮。《楊子書繹》稱，“人能主敬，則不縱欲。商君臣既一於敬，舉天下之物，不足以動之，況荒敗於酒乎!”［參見《四庫全書存目叢書》(經部 55)，第 532 頁下］殷商早期君臣皆修敬德，不爲酒所誘惑，故能不荒於政。君上立身、做人，苛嚴而可以立威，臣下則不敢苟且偷生。於是，“御治事之臣”能夠“輔佐於君”，既有“恭敬之德”，又“不敢自寬暇”。上行下效，風吹草偃，君上正則朝廷正，朝廷正則百官正；百官正則百姓正，形成一個健康的、良性的政治生態。“所以不暇者，惟以助其君成其王道，令德顯明，又於正人之道，必正身敬法，正身以化下，不令而行，故不暇飲”。（參見《尚書正義》，第379頁）酒在前殷諸王那裏，能夠得到有效控制的一個重要原因就是他們個人首先能夠“正身”，使自己的言行能夠始終符合德性倫理的要求。由於正身，在百姓面前，在人羣當中，就可以行不言之教，禁酒、戒酒便根本不需要花大氣力下達硬性指令，他們就可以自動認識到沉溺於酒的危害，而遠離酒，避免誤事。[①] “是亦可以爲法也”，這是上古中國以道德替代法律、法治讓位於德治的成功案例。

三 王權存續的合法性危機：荒腆於酒，人神共憤

殷人自成湯至帝乙君臣上下、百官百姓對酒禁忌遵守得都比較好，堪稱榜樣。然而，到了紂王當政，情勢則急轉直下，貪圖享樂，追求刺激，沉溺於酒池肉林，不僅敗壞了幾代殷王積攢下來的美好德行，而且還葬送了江山社稷。成事難，敗事

---

① 孫星衍解釋說：“内外諸侯臣工，皆無敢湛樂於酒，不惟不敢，亦有正事，無暇及飲，惟助君威成就王德，使之顯著，至於正人敬法，無敢慢者。”君王有德即能立威，這便使得諸侯臣工恪守酒禁忌而不敢輕忽。

快。"紂王沉湎於酒色之中，敗壞了殷代前賢勤政的優良傳統。上行下效，殷人普遍嗜酒，因而荒廢了政事和日常的生產勞作，最後導致國破身亡"。（參見王定璋，2001年，第224頁）强殷的迅速瓦解和滅亡，在當時顯然是一件非常震撼的政治事件，其教訓的反思和總結，可能在周初便已經形成比較一致的共識。攝政王稱："我聞亦惟曰：在今後嗣王，酣身厥命，罔顯於民祇，保越怨不易。誕惟厥縱，淫泆於非彝，用燕喪威儀，民罔不衋傷心。惟荒腆於酒，不惟自息乃逸。厥心疾很，不克畏死。辜在商邑，越殷國滅，無罹。弗惟德馨、香祀，登聞於天；誕惟民怨，庶羣自酒，腥聞在上。故天降喪于殷，罔愛于殷，惟逸。天非虐，惟民自速辜。"這裏的"我聞亦惟曰"，可能是周公的謙辭，明明是自己的主張、觀念，怕說出來没有威信，便假托成别人的話，以增加說話的分量與權威；但也可能是當時人們的一種普遍共識。

按照孔安國的《傳》解，殷商一朝先前諸多先王的美善品德在紂王身上已經蕩然無存，於是，紂王便開始在中國歷史的舞臺上扮演一個遭人唾棄的反角。這是因爲，首先，他"酣樂其身，不憂政事"，過分追求一種過分的享樂主義生活方式，整天把自己完全沉浸在酒醉飯飽的氛圍裏，以致耽誤朝政，荒廢國家治理。治權没有把握好、運轉好，直接導致了政權的敗亡。因爲治無道，政便喪失了自身存在的合法性。

第二，“紂暴虐，施其政令於民，無顯明之德，所敬所安，皆在於怨，不可變易”。不以德治，而行暴政於天下，致使黎民百姓怨聲載道，深陷統治合法性危機，即便到了這個程度，卻還仍不知錯，不悔改，一滑再滑，其實已經離死不遠了。王夫之説：“紂之失民心，民好生而死之。”（参見王夫之，1962年，第116頁）你不愛民，民也不愛你。你不讓人活，人也不讓你活。孔穎達則挖得更深，“紂之爲惡，執心堅固，不可變易也”，紂王之惡，皆系有意爲之，於是便内、外皆壞，是不可救藥的冥頑之徒。

第三，“紂大惟其縱淫泆於非常，用燕安喪其威儀，民無不盡然痛傷其心”。作爲一邦之主的紂王，非但不能言傳身教，而且還縱欲恣肆，没有分寸，燕宴羣飲，不尊體統，大大降低了朝廷的權威性和的影響力，葬送殷王政權合法性，連普通百姓都爲之惋惜、痛心。曾運乾《正讀》批評説，“商紂湎於酒以至亡國”，“殷之亡，由於酒”。

第四，紂王在酒方面的任性，具體表現在“大厚於酒，晝夜不念自息，乃過差”。紂王之於酒，不僅毫無禁忌，而已經到了見酒便走不動路的程度，而且，喝起來還不分晝夜，不能自止。紂王喝酒，可能遠不止一日三餐，上朝理政、批閲上奏、外出巡遊、宫内信步，無論何時何處，只要他一出現，就必須有酒，以保證他隨手可以舉杯。如果是這樣，紂王很可能是中國歷史上第一個提倡並實施朝綱喝酒化、辦公娱樂化的人。正題酒說，憑酒取人，以酒斷案，把酒接物，借酒行歡。内政外交，大事小務，都離不開酒，完全是一副以酒精主導世界的架勢，可以稱爲一個泛酒主義的先驅了。

第五，“紂疾很其心，不能畏死。言無忌憚”。作爲君王，紂内無善質，心底歹毒，不敬天，不畏地，不怕人，做起事情來心狠手辣，了無顧忌。這樣的君王相當可怕，因爲其占據王位，一旦施行惡政，必將大禍害於天下，其罪孽是普通人的千萬倍。孫星衍曰：“紂惟大美於酒，不思自止過，其心疾害乖戾，恃有命在天，不能畏死。”而前謂“酣身厥命”，如果按照臧克和《校詁》：身通侽，《說文・人部》：侽，神也。身厥命，即神厥命，謂我有命在天。那麽，紂王簡直就是有恃無恐了，以爲自己命好，上蒼就一定會始終眷顧他，護佑他，於是就啥都不怕、爲所欲爲了。其實這只是紂王自我膨脹後所形成的幻想，很不真切。

第六，“紂聚罪人在都邑而任之，于殷國滅亡無憂懼”。因爲沉溺於酒，一羣已經犯下誤國誤民大罪的殷商君臣太過放縱自己，以至於到了亡國、滅族的緊要關頭，他們仍然没有絲毫的畏懼反應和警醒，行動上更是一無所爲，没有任何危機處理預案，不採取任何積極的補救措施。《多士》曰："爾不克敬，爾不啻不有爾土"，不敬事，不敬物，不敬人，失去江山社稷還只是上天懲罰的第一步。被酒麻醉了的軀體已經挺立不起來了，整個社會的意志力、動員力都已經消散在酒池肉林之中了。顯然是可恨之極，他們纔是殷商的罪人。

第七，"紂不念發聞其德，使祀見享、升聞於天，大行淫虐，惟爲民所怨咎"。並且，"紂衆羣臣用酒沈荒，腥穢聞在上天，故天下喪亡于殷，無愛于殷，惟以紂奢逸故"。上古中國人很早就相信，天人之間可以相互感通。但現在紂作爲君王，始終不能以自己美好的德行而感動上蒼，以至於即使他裝裝樣子偶爾祭祀一回上天，試圖祈禱諸神保佑，上天也不願意享用其供奉，《國語·周語》曰："其政腥臊，馨香不登"，老天不願意接受的祭祀。心不誠、行不端，怎麼可能感動上蒼呢！更何況，紂王與羣臣酒醉飯飽之後的腥臊氣味冒犯了天神，於是，不再眷顧殷族而降下災禍，使其滅邦、亡國，剝奪其王權合法性而交給後來的有德之主。孫星衍曰："芳馨不上聞於天，神不饗也。"可見，紂王之惡行已經引起了人神共憤，爲天道、天理和人倫、道德所不能容忍。酒禁忌的負面效用於此得以最大程度的釋放。①

最後，孔安國總結出一條顛撲不破的歷史真理，即“凡爲天所亡，天非虐民，爲民行惡召罪。”茫茫蒼天，哪有什麼災異譴告的功能，完全是由於人自己的惡言劣行纔真正導致了滅身滅國的罪禍。殷亡，是紂王咎由自取，于天何干？于周人何干？帝乙以上的君王“慎酒以存”的歷史非常清楚地告訴人們，爲政而治理天下就必須嚴肅待酒，不可放縱。而紂王“嗜酒而滅”的慘痛教訓，同樣也非常清楚地告訴人們，爲仁由己，自作孽不可活。所以，孫星衍說：“天非暴虐，惟人自召罪耳。”

四　“子貢陷阱”與王權合法性評價的放大效應

大約從周代開始，紂王的形象便已經固化、臉譜化，不只是行爲壞，内心也壞。及至孔子之世，紂王名聲就已經很爛。

---

① 實際上，夏、商、周三代的興衰史不妨可以看作是上蒼、天神在不同時點上對君王、邦國分別進行褒貶和賞罰的動態過程，《周語上·内史過論神》指出：“是以或見神以興，亦或以亡。昔夏之興也，融降於崇山；其亡也，回祿信於聆隧。商之興也，檮杌次於丕山；其亡也，夷羊在牧。周之興也，鸑鷟鳴於岐山；其衰也，杜伯射王于鄗。是皆明神之志者也。”在内史過這裏，神與民始終是站在一起的，神饗而觀德，進而布福，民聽、民惠，則人神無怨。但在本質上，世間哪有什麼神，王權轉移、邦國存廢的決定性力量歸根到底還是人，唯有民心的向背纔可以真正決定一個政權的興亡成敗。

《論語·子張》中，子貢一度質疑過："紂之不善，不如是之甚也。是以君子惡居下流，天下之惡皆歸焉。"人還是不犯錯誤爲好，一旦染上污點，不但清洗不掉，而且還會不斷被放大，所有的壞事都往你身上堆。犯有前科的人，說什麼都没人敢相信，做什麼都不會落好。古羅馬《塔西佗歷史》一書中說："一旦皇帝成了人們憎恨的對象，他做的好事和壞事就同樣會引起人們對他的厭惡。"後世學者則稱之爲"塔西佗陷阱"。與之相應，子貢對紂王的質疑也被今人叫作"子貢陷阱"。在王權合法性的社會評價和輿論導向上，好人與罪人之間，公信力、信譽度總維持一種反比例的關係，而呈現出别樣的"馬太效應"，好的越好，差的越差。可見，作惡的成本太高，必須承擔行爲上、責任上、心理上、聲譽上的多重風險。

戰國時代的楊朱儘管比子貢概括得更準確，但他卻是致力於消解善惡、泯滅好壞的。《列子·楊朱篇》中，楊朱曰："天下之美，歸之舜、禹、周、孔；天下之惡，歸之桀、紂。"前四聖"生無一日之歡，死有萬世之名"。而後二凶"生猶縱欲之歡，死被愚暴之名"。但"苦以至終"，"樂以至終"，最後都還不是"同歸於死"嗎？作爲早期道家的楊朱學派對人倫價值、世道正義的拒斥與否棄，於此可見一斑。然而，儒家卻並不這麼認爲，如果行善也是一死，作惡也是一死，結果都差不多，那麼人世生活的秩序還怎麼建構和維持呢？所以，做人還得要勸善止惡，勉求道德。更何況，一如劉寶楠《論語正義·子張》所揭示，“《孟子·滕文公篇》言紂臣有飛廉，《墨子·明鬼下》有費中、惡來、崇侯虎，《淮南·覽冥訓》有左强，《道應訓》有屈商，是紂時惡人皆歸之證”。一朝天子身邊出個別姦佞之臣是正常的，但這麼多惡人都集中在紂王周圍，那就説明紂王的治政策略和用人路線肯定都出了問題，後世帝王不得不深以爲鑒。

周公在《酒誥》中把紂王當作反面教材來警示康叔，然而，東漢的王充卻用自己清醒的理性對長期以來所流行的關於紂王湎酒的各種傳言進行了逐一分析和辯誣。《論衡·語增》篇中，王充分别駁斥了所謂“酒池牛飲”説、“男女倮逐”説、“百二十日爲一夜”説、“三千人”參與説。王充雖然爲紂王做了認真辯誣，但並不是要遮蔽和否認紂王嗜酒淫樂、亡國敗德的事實，而只是不滿於時人傳聞、傳言的誇張與放大程度。對紂王的定性，他没有爭議，有爭議的只是其違反酒禁忌、所犯罪惡的輕重深淺。胡適的《中國中古思想史長編》説，“王充的哲學的動機，只是對於當時種種虚妄和種種迷信的反抗”。

中國歷史上的皇帝們在丢江山和淫亂這兩件事上，如果只丢江山而不淫亂，如獻帝、崇禎、宣統，人們充其量只罵他是一個無能的敗家皇帝。如果在權在位，江山不丢，但很淫亂，如武則天、唐玄宗、清雍正，人們仍然會給予適當的同情，皇上只是利用特權，好玩而已，雖然有點爛，但還不至於太壞，似乎還能接受。而如果既丢江山，又很淫蕩，不是一般的亂，如商紂王、隋煬帝，其罪名則一定無以復加，必須是一個十惡不赦的壞皇帝，非駡名千載、非死無葬身之地，則不足以發洩民衆心頭之憤怒。

所以，值得注意的是，歷代周王竭力呼籲禁酒、戒酒和止酒，還有一個重要原因則是酒總與色密切關聯、勾搭在一起的。《論語·鄉黨》中，孔子要求"酒不及亂"，其所謂亂，錢穆解作"醉亂"，指人在醉酒之後，意志失控而出現的非禮與非常的精神狀態和行爲狀態。劉寶楠《正義》曰："雖醉，不忘禮也"，始終爲儒家所惦記和所强調的則是醉酒之後人們對禮的干擾和破壞。酒後失禮，有違體統。酒後所亂的最大危險和威脅往往就是性生活的紊亂和性關係的失當。人在酒後往往不能自制，在意志力麻痹的狀態下，一旦涉性，則必然放縱而無所節，於身、於心、於家、於社會、於綱常都容易埋下禍根，古今世界始終都不乏因酒生亂而成千古恨的悲劇故事。所以，酒、色大忌面前，正人君子不得不倍加謹慎。

五　王權合法性的民意基礎：無於水監，當於民監

王權合法性問題的延伸則必然對君王爲政提出更高的資格要求。在儒家看來，君王爲政不僅必須注重自身的德性修煉，而且更應該有民本標準的考量。周公曰："封，予不惟若兹多誥。古人有言曰：'人無于水監，當於民監。'今惟殷墜厥命，我其可不大監撫于時！"陸鍵《尚書傳翼》解曰："監，戒也。雖兼妍、媸，既妍矣，雖監何益？唯媸而監焉，則可爲改圖之地。古人之監，亦欲知失處耳。人之修爲以己爲的，以人爲征，未加觀省，而持論前代之短長，則往行皆陳迹。徒事檢飭，而蔑視上世之理亂，則孤心豈能自信明鏡止水？達人比心，監水亦是好的，但不若民監尤切耳。"人無論美、醜都得借鑒於明鏡而不斷改善自己，以圖裝扮得更好。王權統御的好壞，知在人心，所以當以民監爲鏡。

周公勸告康叔戒酒、慎酒也是迫不得已，並非周公自己喜歡嘮叨不休，而既是因爲成王年幼，攝政王不得不擔當起大任，代替成王授命，不反復重申則不足以申明權威；也是因爲衛侯康叔履新，使命艱巨，需要在短時期内制服前殷遺民，周公不反復告誡，則不足以奏效；更是因爲當前周族戰勝殷邦政治鬥爭形勢的需要，"周公在周代初年所宣布的這一'剛制於酒'的强硬的戒酒令，無疑在當時是極有針對性的舉措"。(參

見王定璋，2001年，第229頁）臨陣多囑咐，訓導記心間，共同助推酒禁忌發揮正面效用。

王權的天命邏輯、道德根據和民意基礎是王權合法性的三大建構維度。古代的中國政治雖非民主政治，但卻肯定有民本政治，且歷史久遠。孔安國《傳》曰："視水見己形，視民行事見吉凶。"這句話本非周公所言，乃"古聖賢有言"，周公這裏只是引用，藉以傳達給康叔君王統御國家之道。君王治政，不要用水做鏡子，而應該用民心檢驗一下自己的成敗得失。殷人既已自毀了他們的天命，周人何不引以爲鑒呢？

《國語·吴語》中，申胥諫吴王曰："王其盍亦監于人，毋監于水。"吴王夫差"既許越成，乃大戒師徒"，即將討伐齊國，大夫伍子胥竭力進諫勸阻吴王，弗聽。伍子胥因受封于申地，亦稱申胥。按照伍子胥的戰略分析，吴國現在的主要敵人是越國，而不是齊、魯。"越王之不忘敗吴，於其心也戚然"，越國對吴國可謂虎視眈眈，因爲距離近，而隨時都有舉兵侵入的可能。但齊、魯之國"譬諸疾，疥癬也"，根本算不上什麽戰略敵人，更何況，這兩國"豈能涉江、淮而與我爭此地哉？"大可不必長途跋涉去攻伐他們。但越國則不一樣，它會乘你移師北上，趁虛而入，"將必越實有吴土"，"越之在吴，猶人之有腹心之疾也"。心頭大患你不除，卻去跟無關痛癢的齊、魯之國計較，顯然是不明智的軍事盲動。

君王應該從過去那些敗家亡國的君王身上汲取教訓，而不能只以水爲鏡，滿足於自己容顏的美麗和帥氣。歷史上的楚靈王就是一個爲所欲爲、窮奢極欲的昏暴之君。他是楚共王的次子，竟然殺死侄兒楚郟敖，而自立爲楚君。蔡靈侯至楚，楚靈王殺之，導致蔡國滅亡。派兵圍徐，威脅吴國。因戰事連年而耗盡楚國幾代君王的苦心積累，最終失去民心，導致百姓蜂起而推翻其統治。靈王逃遁，弔死於郊外。

政治的價值就在於讓人們生活得更好。黎民百姓的認可度和滿意度應該成爲考核當權官吏政績的最主要標準。《戰國策》蔡澤說應侯曰："監于水者，見面之容；監于人者，知吉與凶。"《史記·殷本紀》引《湯征》："湯曰：予有言：人視水見形，視民知治不。"（今《湯征》已佚亡，引文責采自《書·湯征序》，參閱瀧川資言，2015 年，第 120 頁）於此，儒家的德治傳統對國家治理的滲透已經非常鮮明，它十分强調君王個體修身的重要性，尤其突出修身與政治的關聯。君身正，則政治清明。如果君身不正，爲政則可能極惡。孔穎達曰：周公在這裏"既陳殷之戒酒與嗜酒以致興、亡之異，故誥之"。前車覆鑒，爲期不遠，周人都記憶猶新，無法忘記。"人無于水監，當於民監"一句，其意在於"以水監但見已形，以民監知成敗故也”。於是，“水監”可以驗形容，“民監”可以驗民心。“水監”是小監，只能看到自己的身形面孔而已；但“民監”則是大監，可以檢驗出王權合法性之有無。

這裏，民情、民心的重要性被極大地凸顯了出來，被提升到一個天道的高度而加以理解和認識。因爲民情、民心則通於天，可求於天。古文《尚書·泰誓中》，武王誓告西方諸侯曰：“天視自我民視，天聽自我民聽。”上天的聽聞和看法原來始終都與黎民百姓的是高度一致的。天子當畏天，君王治政當畏民。而畏民就是畏天，畏天就是畏民。孔穎達曰：“以須民監之故，今殷紂無道，墜失其天命，我其可不大視以爲戒，撫安天下於今時?”而在當下時刻，對於周王及其麾下的羣臣百官而言，最大的一面鏡子、最好的前車之鑒，就是商紂王因爲自己的無道無德而導致天命剝奪、喪身亡國的深刻教訓。周人要想治理好天下，使社稷能夠長安久盛，就必須時刻照一照商紂王這面鏡子，把酒禁忌銘記在心，則一定大有裨益。在早期儒家的思想源頭上，民意經常被抬升到天意的高度予以重視和强調，金耀基説：“東周以前，民意在實際政治上的地位，極爲重要”，甚至可以獲得“神天的地位”，而“君王只不過是一個執行民意的權力機關而已”，也可以説“民意政治”即是“天意政治”（金耀基，第33、34頁）。儒家的政治哲學始終從人出發，人者民也，《泰誓上》稱“民之所欲，天必從之”。以天限君成爲早期儒家制衡王權的一把殺手鐧，因而也善於把抽象玄虛的天意轉化成現實具體的民意以圖警醒和震懾位居人民之上的君王。《召誥》說：“皇天上帝，改厥元子”，如果君不成君，王不像王，照樣可以換人。當然是由人民自己來執行天意，替天行道而實現放伐暴君、湯武革命，完成王權的轉移與嬗替。

參考文獻

古籍：《尚書》、《論語》、《孟子》、《國語》、《戰國策》、《論衡》等。
曾運乾：《尚書正讀》，上海：華東師範大學出版社，2011年。
荆門市博物館：《戰國楚墓竹簡》，北京：文物出版社，1998年。
李楨扆：《尚書解意》，《四庫全書存目叢書》（經部55），濟南：齊魯書社，1997年。
孔安國，孔穎達：《尚書正義》，《十三經注疏》（標點本），北京大學出版社，1999年。
嘉慶二十年《重刊宋本孟子注疏附校勘記》影印本，《十三經注疏》，臺北：藝文印書館，2013年。
楊文彩：《楊子書繹》，《四庫全書存目叢書》（經部55），濟南：齊魯書社，1997年。
孫星衍：《尚書今古文注》，北京：中華書局，1986年。
顧頡剛、劉起釪：《尚書校釋譯論》，北京：中華書局，2005年。
臧克和：《尚書文字校詁》，上海教育出版社，1999年。
王定璋：《尚書之謎》，成都：四川教育出版社，2001年。
王夫之：《尚書引義》，北京：中華書局，1962年。
瀧川資言：《史記會注考證》，上海古籍出版社，2015年。
金耀基：《中國民本思想史》，北京：法律出版社，2008年。

（原載於《哲學研究》，2018年第4期）

附錄二　酒祇爲祭：上古中國酒的宗教性使用

——基於《酒誥》文本語境的經學解讀與意義詮釋

前　言

《酒誥》是一篇誥命，記錄了攝政王周公在西周初年規勸和提醒康叔及時改變殷人崇飲、聚飲、嗜酒之惡俗，促成衛國社會安定，甚至不惜以强制的手段促使官吏與民衆斷酒、戒酒和止酒，以至於今人直接將其稱爲中國“最早的禁酒令檔案”。[①] 漢儒孔安國注曰：“康叔監殷民。殷民化紂嗜酒，故以戒酒誥。”[②] 今人周秉鈞則説：“周公平定殷亂，封其弟康叔于衛。衛居河、淇之間，乃殷之故居。殷人嗜酒，周公懼民之

① 齊運東：《〈酒誥〉——我國最早的禁酒令檔案》，見《釀酒》，2011年第3期。

② （漢）孔安國，（唐）孔穎達：《尚書正義·酒誥》，阮刻《十三經注疏》影印本，上海古籍出版社，1997年，第205頁下。

化於惡俗，大亂喪德，招致滅亡。故命康叔宣布戒酒之令，又告康叔以戒酒之重要性和戒酒之法。”① 《酒誥》中，周公更指出了酒起源於上天的恩賜與降命，而一再强調酒的正當使用恰恰應該在於祭祀神祖，强調衹爲祭用，非祀不飲，嚴格限制酒的生産與消費。酒在祭祀過程中，人不能與神、祖同時共用，次序有先後不同。在周公看來，酒與神合，喝酒之後所達到的那種恍兮惚兮境界則可以通合天人，於是，酒便成爲人神交流的一個紐帶，酒是天帝留存於人世間的一種通神之物。

一　祀兹酒

上古中國，酒的發明與使用多與祭祀活動直接有關。周公對剛剛封爲衛侯的康叔説：“乃穆考文王，肇國在西土。厥誥毖庶邦、庶士越少正、御事朝夕曰：祀兹酒。”周人的始祖相傳爲后稷，文王系第十五世孫，序次當穆。按照周代的宗廟制度，始祖居中，父昭在左，子穆在右。考，亡父。穆考爲文王。《詩·載見》：“率見昭考”，《傳》曰：“昭考，武王也。”②

① 周秉鈞：《尚書易解·酒誥》，上海：華東師範大學出版社，2010年，第170頁。

② 參見雒江生：《詩經通詁·周頌二·載見》，西安：三秦出版社，1998年，第857頁。

周秉鈞："文王世次當穆，所以稱穆考。"[1] 文武兄弟，昭穆之秩。周公說，父親文王在世的時候就經常叮囑各諸侯國的衆多卿士和官長、行政事務的具體經辦人員：只有在祭祀的時候，纔可以用酒，不祭祀則一律不得用酒。孔安國注曰："文王其所告慎衆士於少正官、御治事吏，朝夕敕之：'惟祭祀而用此酒，不常飲。'" 文王戒酒，朝夕謹慎。祭祀纔用酒，自己則不飲。孔穎達疏曰："所以不常爲飲者，以惟天之下敕命，始令我民知作酒者，惟爲大祭祀，故以酒爲祭，不主飲。"[2] 文王"不常飲"酒，並非自己不想喝、不能喝，只因爲他能夠非常恭敬地遵從上天的敕命與教導。孫星衍引王充《論衡·語增》曰："《酒誥》之篇'朝夕曰祀茲酒'，此言文王戒慎酒也。朝夕戒慎，則民化之。"[3] 文王謹慎戒酒、斷酒，天下民風則爲之一轉。

上古時代，農業耕作技術不穩定、不成熟，糧食的正常供應與食用尚且匱乏，可以直接投入窖池而釀造成酒的則甚少。

---

① 周秉鈞注譯：《尚書·周書·酒誥》，長沙：嶽麓書社，2001年，第154頁。

② （漢）孔安國傳，（唐）孔穎達正義：《尚書正義》，北京大學出版社，1999年，第373頁。

③ （漢）王充：《論衡·語增篇》，見《百子全書》（第4册），第3286頁。

而酒之使用大多與先民的宗教生活密切有關，非祭非祀皆不得輕易用酒。明人陸鍵曰："因祀而有酒，重在祀，不在酒也。用之祀，則爲降命；用之人，則爲降威。可見，酒只宜於祀，不宜於人。"[①] 酒是祭祀之禮的必備品，但祭祀之禮又並不特別在乎酒的品質好壞與數量多少，但要表達誠敬之心意。用酒祭祀的目的就在於請求上天賜予命令，以引領蒼生；人喝了酒則可以提升自己的威力影響。但在根本上，酒是不適合被人所享用的，而只適合於祭祀天帝、神明之類的絶對存在者。至於酒在民間的大規模消費行爲，則顯然是後來的事情。章太炎說："平時禁酒，開我民使得歓酒者，惟在大祀。以此托之天命云爾。"[②] 百姓飲酒，只有在祭祀活動之後纔是可以的，平時則一律予以禁絶。孫星衍曰："祀兹酒，謂文王不飲，而敬祭此酒。"周代有宗廟祭飲酒之禮，《儀禮·公食大夫禮》云："祭飲酒於上豆之間。"祭祀上酒，擺放的位置也有講究，但不喝。其實，不喝則造成浪費，所以很可能背後還是悄悄讓人喝掉。

孫星衍曰："文王但祭之，不崇飲也。"文王貴爲天子，天

---

① （明）陸鍵：《尚書傳翼·酒誥》，見《四庫全書存目叢書》（經部 53），清華大學圖書館藏明刻本影印本，第 105 頁上。

② 諸祖耿整理：《太炎先生尚書説·酒誥》，北京：中華書局，2013 年，第 132 頁。

子當遵從天命，如同子尊于父。祭祀之用酒，乃孝敬上蒼天帝之物，自己則絕對不可飲用。“或爲誥勑衆邦羣臣朝夕戒之，言惟祭祀可用此酒耳”。[1] 文王是在以身作則，其用意就在於，要告誡朝廷百官和天下百姓：酒當用於祭祀，人是不可以常喝的，否則，就必然敗壞人心和社會風氣。“祀茲酒”一句，是周王對酒的正當使用所提出的一項原則性、前提性、規範性的要求，還沒具體上細，仍屬於粗線條的指導意見。及至下一段誥文，周公則針對在諸侯國任職的周族官員，明確要求其以德戒酒，做到“飲惟祀”，不是祭祀活動，則一律不能喝酒。於是，喝酒便成爲一種超越性的精神追求和靈魂需要，喝酒的過程應該是在意志自由的審美衝動支配下實現並完成的，其目的並不在於感官、肉體的暫時滿足與麻醉。

二　酒的正當使用：惟元祀

按照文王的要求，“祀茲酒”，亦即祀則酒，也就是說，只有在祭祀天神、卜問軍政大事的時候，人們纔可以喝酒，而在其他時間、其他場合，喝酒都是不對的。甚至，“上帝造出酒

① （清）孫星衍：《尚書今古文注疏·酒誥》，北京：中華書局，2004年，第375頁。

來，不是給人享受，而是爲了祭祀”。[①] 祀之重大，需要慎之又慎，因爲其所涉及對象非神即國，千萬不可輕率對待、馬虎從事。《周禮·地官·鼓人》：“以雷鼓鼓神祀”，鄭玄注：“雷鼓，八面鼓也。神祀，祀天神也。”賈公彦疏：“天神稱祀，地祇稱祭，宗廟稱享。”祀禮奉天，崇拜神明。“雷鼓祀天神，又尊於地祇，宜八面”。鼓面多聲大，音響震天，則可以感動上蒼，溝通神人。《春秋左傳·文公二年》：“祀，國之大事也，而逆之，可謂禮乎?”[②] 國家每每實施軍政大事所奉、所祀的對象，其實也無非是上天神明，有時也祭拜先人，列祖列宗。“惟元祀”並非史官記錄、鐘鼎銘刻之落款紀年，聯繫上下文語境，則應該涉及造酒、用酒的前提與要求。

周公在指出酒“惟天降命，肇我民”的前提下，强調“惟元祀”。惟元祀，要求只有在大祀之時纔可以飲酒。爲什麽呢?物質條件方面的原因可能是上古時期釀酒還是一件不太容易的事情，造酒的原料、設備、技術及儲存條件都跟不上，於是，酒顯得彌足珍貴。如果不是特别重要的大事，一般是不得用

---

① 錢宗武、杜淳梓：《尚書新箋與上古文明》，北京大學出版社，2004年，第183頁。

② （晉）杜預：《春秋左傳集解·文公二年》，上海古籍出版社，1997年，第429頁。

酒、不得喝酒的。一旦用酒，則要表達人們的充分敬畏之心。下一段誥文中的“飲惟祀”，其實就是在强調，酒在祭祀過程中，人是不能與神、祖同時共用的，得分別一下先後之次序。而精神方面的原因則可能在於，喝酒可以實現與神的契合、溝通，巫師、主祭在喝了酒之後所達到的那種似醒非醒、似醉非醉、恍兮惚兮、亦虛亦實、亦真亦假境界，可謂天人通合、神我一貫。於是，酒便可以發揮聯結人神的作用，而成爲天帝在創造世界之初特意留存於人世間的一種通神之物。巫師、主祭在喝了酒之後，在微醺狀態中，而不是酩酊大醉，睡眼朦朧，其精、氣、神變得唯恍唯惚，最容易昇華自己，進而能夠恰到好處地領會上天、神明的性情和意旨。

按照“飲惟祀”的原則要求，造酒的原料雖然是來自田地裏的五穀雜糧，它們都屬於人類的食物資源，可以充饑。然而，在使用指向和愉悦對象上，酒卻是精神性的，俗不用酒，酒不落俗。於是，喝酒便也應該成爲一種超越性的精神追求，喝酒的過程是在意志自由的審美衝動支配下實現並完成的，其目的肯定不在於感官、肉體的暫時滿足與麻醉。五穀雜糧在形中，而經由它們釀造出來的酒卻可以躍升於形上，即便它自身仍然無法擺脱一種無色、透明的液體狀態。五穀雜糧並不自由，總爲既定的形狀所束縛，但酒卻是自由的，經由發酵、蒸餾而使五穀雜糧之原料成爲糟粕，提煉出來的液體，則上善若水，隨遇而賦式，裝在什麼器皿裏，它就成爲什麼形狀，以不變應萬變，以無形成有形。

根據“惟元祀”的主張，既然喝酒可以通神，那麼，酒的使用便應該形上化、超越化，而不應該太俗。所以，今人一邊吃菜一邊喝酒，似乎是一種錯誤的消費方式。喝酒，首先應該是一種靈魂需要。雖然說，酒不關乎肉體，而只關乎靈魂，但酒又不得不借助於唇齒、喉舌、腸胃等肉體器官穿入而過，直至揮發殆盡。① 其實，只要一想到作爲糧食精華、醇厚香甜的酒喝下肚之後，馬上就要跟一團嚼得稀爛並且散發著各種氣味的食物漿糊一起混合在自己的腸胃裏，總不免有一種令人作嘔的感覺，簡直就是在糟蹋世間最美好的對象，是對酒的一種莫大褻瀆。所以，正確的喝酒方法是，它必須與飯菜分開來，清空腹腔，避開五穀雜糧等一切食物，確保能夠被單獨飲用，抿

① 然而，酒也關乎肉身。酒也可以作爲一種藥，而對身體起到健康調節的作用。明人李時珍《本草綱目》曰：米酒“苦，甘，辛，大熱，有毒”。以酒治病，是以毒攻毒。清人陳士鐸《本草新編》亦曰：“酒，味苦，甘，辛，氣大熱，有毒。無經不達，能引經藥，勢尤捷速，通行一身之表，高、中、下皆可至也。少飲有節，養脾扶肝，駐顏色，榮肌膚，通血脈。”早先的儒家因爲過分注重以德行養身，强調“一簞食一瓢飲”、清心寡欲式的修爲工夫，而往往輕忽了酒對人之身體氣血的滋養、對生命健康的促進療效。及至後世，道家、醫家則極好地發揮了酒的養生功能。

上一口，壓在舌下稍作停留，閉上雙眼，慢慢品，細細嘗，讓酒的醇香與甘美在自己的身體内盪氣回腸一番，這樣纔不至於違背先人製酒的初衷。

三　飲惟祀，德將無醉

對酒進行必要的宗教規定和德行滲透是通篇《酒誥》的一大特點。酒不宜常喝，對政事、對身體都不利，但遇到必須喝的情況，就要懂得克制，學會用相應的道德律令去約束自己。周公强調："越庶國，飲惟祀，德將無醉。"① 孔安國《傳》曰：周公要求王公子孫"于所治衆國，飲酒惟當因祭祀，以德自將，無令至醉"。周公訓導的對象依然没有變，重申"飲惟祀"，而與文王"祀則酒"的立場高度一致。把酒當酒，嚴肅對待，明確擺正其用途，天神事、宗廟事、祖先事，當用則用，以示敬誠，不能克扣。但如果把酒當作一種就菜下飯的佐品、一種隨時隨地都可以放開喝的飲料，那就成問題了。

酒可以考驗人性。《説文解字·酉部·酒》："酒，就也。

---

① 牟庭《同文尚書》解"德"爲"得"，並斷句爲："庶或飲，惟祀得，將無醉。"俞樾《羣經平議》釋"祀"爲"巳"，通"從"，讀作："越庶國飲，惟以德將無醉。"孫詒讓《尚書駢枝》則更別出心裁，釋"德"爲"升"，解"將"爲"送"。顧頡剛批評説"改字以求釋，皆不足據"，從之。

所以就人性之善惡。從水，從酉。酉亦聲。一曰造也，吉、凶所造也。”酒本一物，人喝了酒，則因隨各人之品性而暴露出其原形本質，呈現出其觀念、態度、語言、行爲之善惡特徵。面對酒的誘惑，人們如何纔能把持得住自己、控制得住自己，借助於什麼力量、通過什麼樣的方法路徑呢？答案是，個人的德性修養，顯然它是一種內在的、自覺的力量，而不是一種外在的、逼迫性的强制，它需要主體自身的意志力參與和把控。

於是，至少在文王、周公那裏，德性便成爲有效遏制人們放縱口腹、貪婪杯中、酒後耍瘋的一把利劍，它可以非常利索地斬斷人欲的泛濫與猖獗。酒之於人，只可利用而不可聽任，但德性，則可以信賴，值得依靠。不是樂以忘憂，拋棄塵事，不是酒後成仙，啥都不管，而是唯有“以德自將”，始終把酒與個體自我的品行修練捆綁在一起，勾連在一起，賦予喝酒以種種道德學內涵和複雜的禮教規定，這樣的酒喝起來纔有意義，有趣味。儒家以慎酒，亦即對酒保持一顆戒備心、警惕心，而成就出人之道，試圖借酒立德，通過酒精的檢驗而確證一下自己的德性品格。而這恰恰就是儒家的酒與道家的酒之大不同。

無醉，不僅可以是對喝酒人的一種要求，而且還可以是喝酒人的一種境界。在喝酒娱樂的過程中，一邊接受著身體麻醉，一邊還能夠發揮意志力的決斷作用，適度控制自己的口腹之欲，進退有度，多少有節，既盡到禮數，又不至於喝醉，這簡直就是一門人際交往的藝術，也是一門把玩酒杯的高超技法。没有酒量的人是難以成全飯桌禮儀的；自己把自己喝醉的人，是經不起酒精考驗的。前者容易得罪人，因爲他（她）没有按照人情常理出牌，不能用酒表達自己對别人的感情；後者則容易被人看不起，一個連自己喝酒都控制不住的人，值不值得信任，别人還得考慮一番。

漢儒伏勝撰《尚書大傳》曰："天子有事，諸侯皆侍，尊卑之義。宗室有事，族人皆侍，終日，大宗已侍於賓奠，然後燕私。燕私者，何也？已而與族人飲也。"又，"飲而醉者，宗室之意也。德將無醉，族人之志也"。[1] 飲酒活動，經過伏勝這麽一解釋，不僅具有了上下尊卑的倫理意義，而且，也在醉與不醉的分寸把握上區别出"宗室之意"與"族人之志"的不同。漢人對待酒已經不像周人那麽嚴格戒備、高度緊張到神經過敏的程度了。有事没事，官民皆可以喝，只是公開場合只能小喝，而背後則可以大喝罷了。飲而醉，是主家好客的表現，客人不可輕易酩酊大醉。否則，"德將無醉"就會成爲喝酒人的一個主觀動機和一句空洞的道德要求。

---

① 轉引自（清）孫星衍：《尚書今古文注·酒誥》，第373頁。

四　克羞饋祀，“五齊”

至於酒的使用中，如何處理祭祀神祖與人的自我享受之間的關係，周公告誡康叔與族人子孫說：“爾尚克羞饋祀，爾乃自介用逸。”這裏，“克羞饋祀”是“自介用逸”的前提。孔安國曰：“能考中德，則汝庶幾能進饋祀于祖考矣。能進饋祀，則汝乃能自大用逸之道。”舉止皆符合德性規範或具備中正德行的君王，一般都能夠用熟食祭祀神鬼，而在祭祀神鬼之後，當然就可以燕飲而歡了。祭祀是條件，敬酒對神、祖而言是必須的，而喝酒只是饋祀的一個附帶環節，對人來說則並不必然，不能喝酒者也可以不喝。

酒在周初貴族階層的政治生活與宗教祭祀中逐漸開始具有了禮的屬性和規定。“酒與禮的結合，是《尚書·酒誥》所體現的儒家酒德政教精神的重要內容之一，這種結合，是從祭祀活動開始的。”[①] 周人在祭祀中，用酒的品種和數量都是不少的，也頗有講究。《周禮·酒正》記：“凡祭祀，以法共五齊、三酒，以實八尊。大祭三貳，中祭再貳，小祭壹貳，皆有酌

① 黄修明：《〈尚書·酒誥〉與儒家酒德文化》，《北京化工大學學報》(社會科學版)，2009 年第 1 期。

數。唯齊酒不貳，皆有器量。”掌管酒之政令的酒正官“以式法授酒材”。所謂五齊，《酒正》稱：“一曰泛齊，二曰醴齊，三曰盎齊，四曰緹齊，五曰沉齊。”祭祀用酒，品種和數量越是豐盛，便越顯得真誠。這裏，齊，通“劑”，意指調配，調和。《韓非子・定法》曰：“醫者，齊藥也”，即醫者之事，乃調配各種藥物。鄭玄注曰：“齊，謂食羹醬飲有齊和者也。居於左手之上，右手執而正之，由便也。”孔穎達《正義》曰：“執之以右者，謂執此鹽梅以右手。居之以左者，謂居處羹食於左手之上，以右手所執鹽梅調和正之，於事便也。”兩手各有分工，協調動作，以達到“齊和之宜”。[①] 五齊，即上古之時的五種調和色香、口味均匀的釀製飲品。

泛齊，是一種酒糟泛起、糧滓渣浮出的濁酒。鄭玄注曰：“泛者，成而滓浮泛泛然”。[②] 孫詒讓疏曰：“成而滓浮泛泛然。”[③]

醴齊，是一種只發酵了一宿就釀成的、混有糟滓的甜酒。鄭玄注曰：“醴，猶體也，成而汁、滓相將，如今恬酒矣。”《說

---

① （漢）鄭玄，（唐）孔穎達：《禮記正義・少儀》（下），《十三經注疏》（標點本），北京大學出版社，1999 年，第 1041 頁。

② （漢）鄭玄，（唐）賈公彥：《周禮注疏・天官・酒正》，《十三經注疏》（標點本），第 118 頁。

③ （清）孫詒讓：《周禮正義・天官・酒正》，北京：中華書局，1987 年，第 342 頁。

文》："醴，酒一宿孰也。"孰即熟，指釀成了，可以喝了。糧食酒的釀製時間是很講究的，期限越長，其口味則越香濃，其口感則越醇厚。李白詩曰："白酒新熟山中歸，黄雞啄黍秋正肥"，這裏的白酒"新熟"，可能就是一種僅僅釀製了一個季度的酒。

盎齊，是一種蔥白色的濁酒。鄭玄注曰："盎，猶翁也，成而翁翁然，蔥白色。"翁翁然，即酒色渾濁的樣子，但又比醴齊稍微清澈一些。鄭玄曰："盎以下差清。"

緹齊，是一種赤紅色的酒。鄭玄注曰："緹者，成而紅赤，如今下酒矣。"緹齊則又比盎齊稍微清澈一些了。孫詒讓疏曰："成而紅赤。"

沉齊，是一種糟滓沉在下面的酒。鄭玄注曰："沉者，成而滓沉，如今造清矣。"因爲酒糟、渣滓都沉澱在了容器的底部，所以，沉齊便顯得更爲清澈。[①] 孫詒讓疏曰："成而滓沉。"這種酒"濾清沉澱用茅縮去滓，濾清後還可加上秬鬯之類香料，酒越放越陳，是以古人也有'昔酒'之稱，相當於後世的陳酒"。[②]

---

① 參閱楊天宇：《周禮譯注・天官・酒正》，上海古籍出版社，2004年，第74、75頁。

② 許倬雲：《周代的衣食住行》，見中研院歷史語言研究所、中國上古史編輯委員會：《中國上古史》（待定稿）第四本《兩周編之二・思想與文化》，1985年，第572頁。

賈公彥曰："酒正不自造酒，使酒人爲之"，酒正不在酒的生產第一線上，釀酒是酒人的差事，但"酒正直辨五齊之名，知其清濁而已"，負責酒成品的品質控制、觀察核對和口味鑒別。儘管齊還不是酒，"五齊對三酒，酒與齊異；通而言之，五齊亦曰酒"。[1] 齊與酒有别，但通常人們也稱之爲酒，界限模糊。

五 "三酒"、"八尊"

"五齊"顯然還不是嚴格意義上的酒，最多只能算作飲料。五齊之上還有"三酒"，即三種已經過濾掉糟滓的酒。《酒正》："一曰事酒，二曰昔酒，三曰清酒。"孫詒讓疏曰："三酒，已泲去滓之酒也。"按照釀造時間長短而分出酒之三種。贾公彥疏曰："以三酒所成有时，故豫給財，令作之也。"[2] 這三種酒因爲都需要一定的釀造時間，所以酒正必須提前劃撥糧食、輔料等物資，以便讓酒坊按照釀製程式和工期要求完成生產任務。

事酒，鄭玄注曰："有事而飲也。"指一種因爲有事而臨時

---

① （漢）鄭玄，（唐）賈公彥：《周禮注疏·天官·酒正》，《十三經注疏》（標點本），第119、120頁。

② （漢）鄭玄，（唐）賈公彥：《重刊宋本周禮注疏附校勘記·天官·酒正》影印，見（清）阮元校勘《十三經注疏》(3)，臺北：藝文印書館，2013年，第77頁上。

釀造的酒，“在三酒之中較濁”[1]。賈公彦疏曰：“事酒，酌有事人飲之，故以事上名酒也。”酒因事而興作，因事而得名。俞樾：“事酒者，謂臨事而釀者也”，[2] 指一種根據事情需要而及時釀製出來的酒，並非今日提前把酒造好，灌裝封壇，可以臨時貼牌的那種。而這裏的“事”，在周初可能僅指祭祀神祖之活動，並無他意。賈公彦釋曰：“‘有事而飲’者，謂于祭祀之時，乃至卑賤執事之人，祭末並得飲之。”但值得注意的倒是“祭末得飲”與“有事而飲”之間，不僅存在著時間上的先後分別，而且也存在著因果的懸殊。按照“有事而飲”的邏輯，只要辦事，就得喝酒，酒是必不可少的，喝酒與辦事幾乎可以同時進行。而根據“祭末得飲”的要求，喝酒顯然是附帶的，並不必須，祭祀是主要的，至於能不能喝到酒，則放在其次，無足輕重，所以在程式上也被安排在其後，並不必然，或則可有可無。如果可以，連那些看門、掃地、燒水、打雜的“卑賤”之人都可以喝，而不僅限於主祭一人。

昔酒，鄭玄注曰：“無事而飲也”，與事酒相對，可供無事之時或無事之人飲用。賈公彦疏曰：“昔酒者，久釀乃熟，故

---

① 吕友仁：《周禮譯注・天官・酒正》，鄭州：中州古籍出版社，2004年，第66頁。

② 轉引自楊天宇：《周禮譯注・天官・酒正》，第75頁。

以昔酒爲名。酌無事之人飲之。”呂友仁稱：“冬釀春成，較清，較事酒味厚。”總之，昔酒應該是一種釀造時間比較長的酒，並不特爲任何一件具體事情而準備，但卻可供人們隨時、隨地消費，非常便利。但如果“事”在周初的確僅指祭祀活動而並無他意，那麽，昔酒之用，參與祭祀活動的人員都可以喝，大家共同飲之，時間當然也放在祭祀之後。賈公彥曰：“‘無事而飲’者，亦於祭末，羣臣陪位、不得行事者，並得飲之。”於此，事酒與昔酒的使用區別可能也只在於，前者誰都可以喝，貴、賤不分，而後者則是主祭之王的陪同人員方可享用。

清酒，是一種釀造時間更長的酒。鄭玄注曰：“祭祀之酒”，專酒專用，備顯特別，因爲略具敬畏、神聖、珍貴的性質，故其生產過程、用糧、用料選取、封壇包裝可能都稍加考究一些。賈公彥疏曰：“清酒者，此酒更久於昔，故以清爲號。祭祀用之。”① 呂友仁稱：“冬釀夏成，最清，較昔酒味厚。”在周初，清酒之好不只因爲其釀造的時間變長了、味道變醇厚了，更因爲其始終作爲祭祀神祖的貢品。賈公彥又曰：“‘清酒，祭祀之酒’者，亦于祭祀之時，賓長獻尸，尸酢賓長，不敢與王

① （漢）鄭玄，（唐）賈公彥：《周禮注疏·周官·酒正》，阮刻《十三經注疏》影印本，上海古籍出版社，1997年，第669頁上。

之臣[1]共器尊、同酢齊，故酌清以自酢，故云祭祀之酒。”清酒用於親喪之祭拜儀式之中，尸主、宗主代表死者舉杯向賓客、尊長酬謝致敬，彼此都並不喝下肚，而只是象徵性地抿一抿而已。

清酒專供祭祀之用，因而顯得比較尊貴。後世中國的許多重要的祭祀大典，如天子郊祭、歲祭，甚至民間祭祀活動，也多選用清酒呈貢。漢初的董仲舒曾在江都國大行“求雨”之術，祭拜環節也用到清酒。“春旱求雨……祭之以生魚八、玄酒、具清酒、膊脯，擇巫之潔清辯利者以爲祝”。[2] 而“止雨”之術也用到清酒，“今淫雨太多，五穀不和，敬進肥牲清酒，以請社靈，幸爲止雨，除民所苦，無使陰滅陽”。[3]

八尊，則是對作爲祭品的酒類飲料取用數、容器及其擺放的具體要求。賈公彥疏曰：“五齊五尊，三酒三尊”，數量總共爲八尊。但“若五齊加明水，三酒加玄酒，此八尊爲十六尊”。

---

① “臣”，1999年北大版十三經注疏（標點本）《周禮注疏・天官・酒正》則作“神”，並引《司彝尊》注曰“‘諸臣獻者，酌罍以自酢，不敢與王之神靈共尊。’此約其義，則‘臣’即‘神’之誤，因二字聲相近也。”以此爲據而以爲“神”字由於發音相近而被誤當作“臣”字，見第120頁。但如果訓作“王之神”，則顯然與上、下文語境不合，身爲臣子的賓客前來喪祭，尸主、宗主代表死者端酒一一酬謝，賓客所祭拜乃爲死者，非天神也。故不從。

② （漢）董仲舒：《春秋繁露・求雨》，聚珍本影印版，上海古籍出版社，1989年，第88頁。

③ （漢）董仲舒：《春秋繁露・止雨》，第90頁。

但《酒正》這裏卻並沒有提及“十六尊”一事，“不言之者，舉其正尊而言也”。周人祭品之供奉，上酒則可能不僅有數量的差異，而且尊的規格、大小、造型也皆有分別。孔穎達疏《禮運》曰：“周禮，大祫於大廟，則備五齊三酒。大禘則用四齊三酒者，醴齊以下悉用之，故《禮運》云：‘玄酒在室，醴醆在戶，粢醍在堂，澄酒在下。’”祫祭是太祖廟前的合祭，要上“五齊三酒”。而禘祭則是天子祭祀始祖的祭禮，必須用“四齊三酒”。玄酒當放在室內，醴醆則放在戶內，粢醍則放在堂上，澄酒則放在堂下的位置。

事酒、昔酒、清酒這三酒，大祭須添加三次，中祭須添加兩次，小祭則須添加一次，每次都是有勺數規定的。只有齊酒是不用添加的，但注入尊中也都有數量要求。《春官・肆師》：“立大祀，用玉帛、牲牷。立次祀，用牲幣。立小祀，用牲。”而大祀，祭奉天地、宗廟。中祀，祭奉日月星辰、社稷、五祀、五嶽。小祀，祭奉司命、司中、風師、雨師、山川、百物。但爲什麼“齊酒不貳”呢？或曰“三酒是人所飲，講究文飾，故有添酒三次、二次、一次之差；而齊酒乃尸所飲，主於尊神，講究質樸，所以不添”。[①] 後半句是對的，喪主回敬賓

① 呂友仁：《周禮譯注・春官・肆師》，第 67 頁。

客，只是禮節性地上上嘴，抿都不抿，更不是真喝。但前半句則有問題，祭祀用酒並不是隨後的燕飲。敬天地神祖之類，根據儀式要求，每祭拜一次，隨後酒則倒在了壇前的地上，所以纔需要斟三次、兩次。並且，齊酒如果是王者燕飲上的“人所飲”，三兩次也不夠。

按照周公的誥辭勸導，只有在“克羞饋祀”之後，王公、諸侯、卿士大夫、文武百官纔可以“自介用逸”。皮錫瑞疏證曰：“祭祀畢歸，賓客豆俎。同姓則留與之燕。所以尊賓客，親骨肉也。”[①] 同姓族人，一起祭祀，一起吃喝，以增進親情。只有等到各種祭祀禮儀順利完成了之後，大家纔可以聚衆羣飲一回。《詩經·小雅·楚茨》曰：“諸父兄弟，備言燕私。”燕私，原本指上古祭祀活動之後親屬之間的一種私宴。周初政嚴，惟在燕私之時纔可以稍許放開喝酒，還不能喝醉。所以，祭已而燕飲，應該是周公“戒酒令”所開的唯一缺口。酒不可以爛喝，而鼓勵和提倡一種有前提、有限制、有德性的飲用方式與習慣。

六　餘論

酒如果僅用於祭祀，那麽，酒的許多作用、功能和美妙則

---

① （清）皮錫瑞：《尚書大傳疏證·酒誥》，光緒丙申師伏堂刻本影印版，第 273 頁。

根本無法呈現出來，酒還得讓人喝。如何喝，纔是問題的關鍵所在。酒雖爲通神之物，僅供祭祀之用，但也可以爲人所享受。酒，既然是上蒼賜予人類的一份禮物，就無法禁絶、不可能徹底不喝了。班固《漢書・食貨志》中，王莽新朝之羲和（大司農）魯匡進奏曰："酒者，天之美禄，帝王所以頤養天下，享祀祈福，扶衰養疾。百禮之會，非酒不行。故《詩》曰'無酒酤我'，[①] 而《論語》曰'酤酒不食'，二者非相反也。夫《詩》據承平之世，酒酤在官，和旨便人，可以相禦也。《論語》孔子當周衰亂，酒酤在民，薄惡不誠，是以疑而弗食。今絶天下之酒，則無以行禮相養；放而亡限，則費財傷民"。[②] 漢人也以爲，酒是上蒼賜福於人類的，它可以用來滋潤我們的生命，緩解人類生存於世間的壓力，可以用於祭祀神祖、祈求福祉的儀式上，也可以用來扶持人類身上的陽氣，醫療疾病與創傷。朝廷和民間的許多典禮都離不開酒的供奉和敬祝。周初時代天下太平，酒的製造與銷售皆爲官方所壟斷，品質可靠，味道醇美，人們大多能夠控制得住自己，而不至於發生酒亂。但

---

① 見《詩經・小雅・伐木》。顔師古曰："言王于族人恩厚，要在燕飲，無酒則買而飲之。" 參閱（清）王先謙：《漢書補注・食貨志下》，北京：中華書局，1983年，第528頁上。

② 陳煥良、曾憲禮標點：《漢書・食貨志下》，長沙：嶽麓書社，1994年，第533頁。

到了孔子所在的春秋時期，市面上買回來的酒，純屬民間釀造，往往都是只發酵了一宿的酒，顯得稀薄、難聞，也根本算不上酒，所以便不可飲用。現在，皇上如果想要禁止天下人喝酒，那麽人們又將按照什麽禮儀規範繼續生活下去呢？而如果聽任酒的消費與使用，不對它做任何限制和約束，那麽必然要耗費天下許多糧食，挫傷國家許多民力。看來，漢代皇帝對於酒，其實也陷入了那種一禁就死、一放就亂的尷尬處境。至於如何加以克服，在儒家看來，則需要掌握一個合理的度，其途徑無非有二，一是調動起自身的德性，發揮個體的意志力，嚴格控制飲酒的次數和數量；二是借助於禮制規範而限定酒的日常使用範圍與數量，在禁酒與享樂之間保持一個有效的張力，拿捏出一個説得過去的分寸。酒有酒道，酒有酒德。取材有講究，釀造有技藝，溫控有要求，時間有久暫，流程有標準，是謂酒之中道。而在酒的消費與使用過程中，喝與不喝、喝多喝少全由自己決定，能喝卻不醉，有飲而適度，羣飲而不亂，是謂酒之中德。而這恰恰又彌補了國人“酒祇爲祭”、宗教性單向度使用的缺憾與不足。

附錄三　參考文獻

(漢) 伏勝:《尚書大傳》，涵芬樓藏左海文集本影印，上海：商務印書館，1929 年。

(宋) 王柏:《書疑》，《四庫全書存目叢書》（經部 49），首都圖書館藏，康熙十九年通志堂刻經解本，濟南：齊魯書社，1997 年。

(明) 徐善述:《書經直指》，《四庫全書存目叢書》（經部 49），陜西圖書館藏明成化刻本影印本。

(明) 張居正:《書經直解》，《四庫全書存目叢書》（經部 50），故宫博物院圖書館藏明萬曆刻本影印。

(明) 申時行:《書經講義會編》，《四庫全書存目叢書》（經部 50），中國科學院圖書館藏明萬曆二十五年徐銓刻本影印本。

(明) 曹學佺:《書傳會衷》，《四庫全書存目叢書》(經部 52)。

(明) 陸鍵:《尚書傳翼》，《四庫全書存目叢書》（經部 53），清華大學圖書館藏明刻本影印本。

(明) 史維堡:《尚書晚定》，《四庫全書存目叢書》（經部 53），溫州市圖書館藏明崇禎八年刻本影印。

(明) 潘士遴:《尚書葦籥》，《四庫全書存目叢書》（經部 54），浙江圖書館藏明崇禎刻本影印本。

(明) 冉覲祖:《尚書詳説》，《四庫全書存目叢書》(經部 58)。

(明) 李楨扆:《尚書解意》，《四庫全書存目叢書》（經部 55），中國科學院圖書館藏清順治九年郭之培刻書種樓本印。

(明) 朱朝瑛:《讀尚書略記》,《四庫全書存目叢書》(經部 55),浙江圖書館藏清鈔七經略記本影印。
(明) 楊文彩:《楊子書繹》,《四庫全書存目叢書》(經部 55),江西省圖書館藏光緒二年文起堂重刻本影印。
(清) 孫奇逢:《書經近指》,《四庫全書存目叢書》(經部 56),上海圖書館藏清康熙十五年刻本。
(清) 孫承澤:《尚書集解》,《四庫全書存目叢書》(經部 56)。
(清) 楊方達:《尚書約旨》,《四庫全書存目叢書》(經部 59),中國科學院圖書館藏清乾隆刻本。
(清) 顧棟高:《尚書質疑》,《四庫全書存目叢書》(經部 60),道光六年眉壽堂刻本影印。
(清) 王闓運:《尚書大傳補注》,叢書集成初編本,北京:中華書局,1991 年。
(清) 皮錫瑞:《尚書大傳疏證》,光緒丙申師伏堂刻本影印。
(清) 皮錫瑞:《今古文尚書考證》,北京:中華書局,1989 年。
(漢) 孔安國,(唐) 孔穎達:《尚書正義》,阮刻本影印《十三經注疏》,上海古籍出版社,1997 年。
(清) 孫星衍:《尚書今古文注疏》,北京:中華書局,2004 年。
(清) 張志聰:《黃帝内經集注》,杭州:浙江古籍出版社,2002 年。
(清) 劉寶楠:《論語正義》,北京:中華書局,1990 年。
(清) 孫詒讓:《周禮正義》,北京:中華書局,1987 年。
(清) 桂馥:《說文解字義證》,濟南:齊魯書社,1987 年。
(清) 崔述:《豐鎬考信錄》,畿輔叢書本影印,北京:中華書局,1985 年。
王國維:《今本竹書紀年疏證》,濟南:齊魯書社,2010 年。
曾運乾:《尚書正讀》,上海:華東師範大學出版社,2011 年。
陳夢家:《尚書通論》,石家莊:河北教育出版社,2000 年。

周秉鈞:《尚書易解》,上海:華東師範大學出版社,2010 年。
顧頡剛、劉起釪:《尚書校釋譯論》,北京:中華書局,2005 年。
臧克和:《尚書文字校詁》,上海教育出版社,1999 年。

張道勤:《書經直解》，杭州：浙江文藝出版社，1997年。
黄懷信:《尚書注訓》，濟南：齊魯書社，2002年。
錢宗武、杜淳梓:《尚書新箋與上古文明》，北京大學出版社，2004年。
杜勇:《〈尚書〉周初八誥研究》，北京：中國社會科學出版社，2017年。
諸祖耿整理:《太炎先生尚書説》，北京：中華書局，2013年。
于省吾:《雙劍誃尚書新證》，北京：中華書局，2009年。
馬士遠:《周秦〈尚書〉學研究》，北京：中華書局，2008年。
王定璋:《尚書之謎》，成都：四川教育出版社，2001年。
游喚民:《尚書思想研究》，長沙：湖南教育出版社，2001年。
王寶琳:《尚書現代版》，上海古籍出版社，2003年。
周秉鈞注譯:《尚書》，長沙：嶽麓書社，2001年。
廖平:《書中候弘道編》，舒大剛、楊世文主編:《廖平全集》（第3册），上海古籍出版社，2015年。

〔美〕楊寬:《西周史》，上海人民出版社，1999年。
黄懷信、張懋鎔、田旭東:《逸周書彙校集注·度邑解》，上海古籍出版社，2007年。
錢穆:《論語新解》，北京：生活·讀書·新知三聯書店，2002年。
雒江生:《詩經通詁》，西安：三秦出版社，1998年。
陳戍國點校:《周禮》，《儀禮》，《禮記》，長沙：嶽麓書社，1989年。
(晉) 杜預:《春秋經傳集解》，上海古籍出版社，1997年。
《百子全書》，長沙：嶽麓書社，1993年。
(漢) 董仲舒:《春秋繁露》，聚珍本影印版，上海古籍出版社，1989年。
王國維:《殷周制度論》，《觀堂集林》(上)，北京：中華書局，1959年。
(漢) 司馬遷:《史記》，點校本《二十四史》修訂本，北京：中華書局，2013年。
(漢) 司馬遷，(宋) 裴駰，(唐) 司馬貞、張守節:《史記三家注》，揚州：廣陵書社，2014年。
顧頡剛、羅根澤、吕思勉、童書業編著:《古史辨》，第一至七册，上海古籍出版社，1982 年。

臺灣中研院歷史語言研究所、中國上古史編輯委員會:《中國上古史》(待定稿)，1985 年。

〔美〕夏含夷（Edward L. Shaughnessy）著，黃聖松、楊濟襄、周博羣等譯:《孔子之前: 中國經典誕生的研究》（*Before Confucius: Studies in the Creation of the Chinese Classics*），臺北: 萬卷樓圖書股份有限公司，2013 年。

余治平:《忠恕而仁——儒家盡己推己、將心比心的態度觀念與實踐》，上海人民出版社，2012 年。

余治平:《董子春秋義法辭考論》，上海書店出版社，2013 年。

余治平:《做人起步〈弟子規〉》，上海三聯書店，2015 年。

附錄四　重要索引

A

盎齊 / 123，125，248，249

B

不常飲 / 45，238

C

沉齊 / 124，125，248，249

成王若曰 / 21，37，38，40

崇飲 / 9，37，47，150，210，212，217，236，239

D

大祭 / 45，66，123，131，132，238，247，254

大宗 / 84，121，134，136，137，246

德將無醉 / 15，81，84，85，87，89，137，244，246

德性 / 3，71，74，80，81，83-86，88，94-96，102，111，113，120，122，133，136-138，143，145，153，155，156，158，169，193，195，214，218-222，231，245，247，255，257

定辟 / 19，185，190，192

杜康 / 52-55，143

斷酒 / 7，10，45，55，78，92，97，98，104，108，114，115，120，146，149，150，188，194，195，205，206，208，210，214，217，236，238

F

法度 / 150，155，188-190，194，219

泛酒主義 / 167，225

泛齊 / 123，124，248
負相關 / 143，148，215

G

剛制於酒 / 19，185，188，193，231

H

宏父 / 19，185，189，190

J

祭祀 / 29，31，43，45-48，61-63，66-68，72，73，79，80，82，86，88，91，97，103，112，120-124，127-132，134-138，141，142，148，161，168，202，203，226，237-240，242，244，247，248，251-256
建侯衛 / 8
教化 / 48，63，92，114-117，119，120，146，153，156，190-193，206，214，218，221
戒酒 / 1，7，10，12，41，45，47，68，74，80，92，95-98，105，108，115，116，120，136，144，146，153，154，158，165，171，181，183，186，188-190，192-195，204，205，208，210，212-214，218，219，222，230，231，233，236-238，240，255
禁酒令 / 10，194，196-198，204，236
酒池 / 55，158，168，171-175，177，222，226，229
酒人 / 52，57，61，78，84，85，126，245，246，250
酒正 / 61，77，78，109，122-131，247-252，254
聚飲 / 10，172，189，197，198，201，206，236
君統 / 136，137

K

康誥 / 2，7，8，11-13，22，23，27，33，36-38，42，75，76，101，151
康叔 / 1，2，6-10，12，22，27，36-38，41-43，45，75，76，90，92，96-99，102，104，107，111，113-115，119，120，144，146，149，171，175，176，179，181，188，189，192，193，196-198，201，202，204，206-208，210，212，213，216，229，

231，232，236，237，247
克羞饋祀／16，120，122，133，142，212，247，255

L

醴齊／123-125，132，248，249，254
六必／59

M

妹邦／12，14，40，99
民監／19，179，180，183，184，231，233，234

P

萍氏／76，197，211

Q

前殷遺民／6，8，42，72，181，198，201，203，204，231
羣飲／20，89，136，166，174，178，196-201，203，224，255，257

R

人神共憤／158，169，212，222，226

S

三監／7，8，11
三酒／123，126，127，130-132，247，250，253，254
喪邦／71，94
喪德／10，15，68，71，73，78，81，94，237
上帝／7，51，62，147，148，215，216，235，240
攝政王／1，7，23，27，35，38，42，158，179，181，212，213，217，223，231，236
慎酒立教／95，107，114，118，120，212
事酒／126-128，131，132，250-252，254
嗜酒／7，10，12，27，37，91，96，114，139，148-150，158，162，170，171，174，178，183，195，201，205，206，208，210，212，216，217，223，227，229，233，236
水監／19，179，180，183，231，233，234
司空／187，189，190
司民之人／207，209-211
祀則酒／44，61，79，82，150，

217，240，244
祀兹酒 / 14，21，43-48，61，68，79，105，212，237-240

T

塔西佗陷阱 / 163，228
緹齊 / 123，125，248，249
天命 / 39，46，47，117，145-149，151，154，160，181，184，213-216，218，232，234，239，240

W

王若曰 / 10，14，21-23，27，28，32-34，40
惟土物愛 / 15，89，90，92
惟元祀 / 14，21，61，62，66-68，70，240，241，243
文王 / 1，2，4，8，9，14，15，17，24，29，30，34，39，43-48，61，66-70，75，76，78，82，83，86，87，89，90，92，97-99，104，113，114，142，144，146-148，209，213，215，216，237-240，244，245
無彝酒 / 15，71，75，77，80，105，148，150，212，215，217
五齊 / 123，124，126，131，132，247，248，250，253，254
武王 / 1-9，23-25，27，28，30-32，34，36-41，44，67，69，70，93，184，234，237

X

昔酒 / 125，126，128，131，132，249-252，254
酗酒 / 55，72，73，91，114，148，176，205，206，208，216

Y

燕私 / 84，134，136，246，255
燕饗 / 109
燕飲 / 87，120，122，131-134，136，137，247，255，256
以德自將 / 71，81-83，85，148，212，215，244，245
儀狄 / 51-56
飲食醉飽 / 16，107，109，141，142
遊飲 / 91，136，197
予其殺 / 20，196，199，200
越小大德 / 15，95

Z

正身以帥民 / 201，207，210

政教合一 / 119，156，221
政治禁忌 / 115，144，212
止酒 / 1，7，10，41，80，85，98，105，115，145，146，150，165，188-190，192，194，195，204，210，212-214，217，230，236
致用酒 / 16，98，99，102-105
中祭 / 123，131，132，247，254
紂王 / 6，48，67，79，80，148，151，158，159，162-172，174，176-179，184，201，205，206，209，212，216，222-230，234
子貢陷阱 / 163，227，228
自介用逸 / 16，120-122，133，212，247，255
自洗腆 / 16，98，99
宗法制度 / 9，135
宗工 / 17，19，150，152，185-187，218
宗統 / 136，137
宗子 / 134，136，137，140，141
作稽中德 / 16，95，107，111，113，115，142，148，150，212，215，217

圖書在版編目(CIP)數據

周公《酒誥》訓：酒與周初政法德教祭祀的經學詮釋/余治平著. —上海：上海古籍出版社，2018.6
ISBN 978-7-5325-8852-7

Ⅰ.①周… Ⅱ.①余… Ⅲ.①酒文化—研究—中國—周代 Ⅳ.①TS971.22

中國版本圖書館 CIP 數據核字(2018)第 110950 號

周公《酒誥》訓
——酒與周初政法德教祭祀的經學詮釋

余治平 著
上海古籍出版社出版發行
(上海瑞金二路 272 號 郵政編碼 200020)
(1) 網址：www.guji.com.cn
(2) E-mail：guji1@guji.com.cn
(3) 易文網網址：www.ewen.co
江蘇常熟市人民印刷廠印刷
開本 787×1092 1/32 印張 8.5 插頁 6 字數 147,000
2018 年 6 月第 1 版 2018 年 6 月第 1 次印刷
ISBN 978-7-5325-8852-7

K·2491 定價：38.00 元
如發生質量問題，讀者可向工廠調換